KB164342

엄마 공부가 끝나면
아이 공부는 시작된다

세 아이를 영재로 키워낸 엄마의 성장 고백서

한국경제신문

추천의 말

세 자매를 영재로 키운 엄마의 살아 있는 경험이 녹아 있는 책이다. 실제 경험이기에 아이를 키우는 데 누구나 도움이 되고, 바로바로 실천할 수 있는 다양한 육아 팁이 담겨 있다. 아이가 잘 자라 고유한 자신이 되고자 하는 사춘기가 되면, 아이의 강한 빛이 엄마의 내면에 있는 그림자인 내면 아이를 건드리고 엄마의 성장을 재촉하게 된다. 엄마는 아이의 운명이다. 엄마 공부가 끝나야 비로소 아이를 잘 양육하여, 고유한 인격체로 독립시킬 수 있다. 이 책은 그 길에 좋은 길잡이가 될 것이다.

–푸름이 아빠 최희수, 《배려 깊은 사랑이 행복한 영재를 만든다》 저자

15년 전부터 나의 육아 멘토인 저자가 본인도 끊임없이 성장하며 세 아이를 사교육 없이 영재로 키운 이야기를 들려준다. 육아와 양육자의 내면 치유의 과정을 너무나 솔직하고 진솔하게 쓴 책이라 다 읽을 때까지 책을 손에서 놓을 수 없었다. 이 책은 안 읽으면 손해다. 엄마가 행복해지면 육아는 저절로 행복해지는 법이다. 행복한 육아를 원하는 엄마들에게 이 책을 강력 추천한다. 이 책을 읽고 나면 육아뿐 아니라 삶도 가벼워질 거라 믿어 의심치 않기 때문이다.

–김수연, 고등학생인 두 자매를 키우는 학부모

●

아이의 눈은 엄마의 등 뒤에 붙어 있고 아이의 마음은 엄마의 믿음을 보고 자란다. 이 책은 내 아이를 정말로 사랑하는 방법을 제시한 엄마의 성찰 교과서다.

–김이율, 《가슴이 시키는 일》 저자

●

육아를 통해 내면 아이를 만나고 상처받은 내면 아이를 위로하는 과정을 통해 나를 키우고 자연스럽게 아이도 잘 큰다는 것을 알게 되었다. 애매한 타협 속에서 불안해하는 많은 육아맘들에게 큰 울림을 주며, 멋진 육아를 다시 시작할 수 있는 용기를 줄 것이라 믿는다.

–정지영, 고등학교 교사

●

놀이워크숍, 독서와 경제 교육 강의에 담겨 있는 서안정 작가의 모든 정수가 녹아든 육아 백과사전이다. 육아 문제로 힘들고 아프고 화가 나고 중심을 잡지 못하고 헤매는 부모님이거나, 나는 아이를 꼭 잘 키우고 싶다고 생각하시는 부모님이라면 꼭 이 책을 읽어보기를 권한다. 일상이 평온해지고 아이를 있는 그대로 수용할 수 있는 내 안의 사랑을 발견하게 될 것이다.

–김홍선, 초등학교 4학년 학부모

●

아이의 성장과 함께 엄마의 내면 성장의 과정을 진심으로 토해낸 귀한 책. 10년 전 이 책을 만날 수 있었더라면 우리 아이들과 함께 조금은 수월하고 행복한 사춘기 시절을 보낼 수 있지 않았을까? 저자의 아픈 경험을 통한 깨달음이 아이를 어떻게 키워야 할지 모르는 양육자들에게도 큰 도움이 되리라 생각한다.

–정성희, 세 아이의 엄마

●

서안정 작가는 누구보다 치열하게 양육자로서 본인의 내면 공부를 통해 꾸준히 성장해왔다. 공부, 돈, 진로 등 자녀가 살아가면서 꼭 깨달아야 할 가치들을 제대로 알려주려면 어떻게 하는지 알게 되었다. 양육이 어려운 엄마들의 롤 모델이 될 만하다. 많은 엄마들이 아이와 함께 행복한 육아를 할 수 있게 해줄 책이다.

–이소영, 교육칼럼니스트

●

낙타가 사막을 건널 수 있는 이유는 속도가 좀 느리지만 지속적으로 간다는 데 있다. 엄마의 서두름 없는 마음과 올바른 정서가 아이를 제대로 성장시켜준다는 것을 일깨워주는 책이다.

–오평선, 선율아카데미 진로교육전문가

●

나의 품에서 사랑으로 키운 딸을 학교라는 세상으로 보내고 방향을 잃었던 저에게 서안정 작가님은 많은 깨달음을 주신 분이다. 나의 그릇을 키워 아이에게 날개를 달아줘야 함을 배웠고 이 책 속에는 그 방법과 노하우가 고스란히 담겨 있다.

–손이영, 초등학교 3학년 학부모

엄마의 믿음이 아이에게 기적을 선물한다

아이를 잘 키운다는 것은 무엇일까? 과연 거기에 정답이 있을까? 삶에는 정답이 없고 육아 역시 정해진 답이 없다고 생각한다. 그럼에도 불구하고 이렇게 또 한 권의 육아서를 쓰게 되었다.

내가 TBC 대구방송 '제3교실'에 출연하여 찍은 〈사교육 없이 세 아이 영재로 키운 육아 이야기〉와 〈아이는 다양한 경험과 대화, 놀이 속에서 자란다〉의 동영상이 조회 수 19만 건을 넘어섰다. 유명인사도 아닌 나의 강연에 이러한 관심을 보이는 건 많은 사람들이 아이를 잘 키우는 방법에 대해 무척 궁금해한다는 뜻일 것이다.

그 옛날 자신을 희생하며 자식들을 키우던 내 부모님은 때때로 참을 수 없는 억울함과 분노를 나와 동생에게 표출하시곤 했다. 부모에게 받은 매질의 아픔과 나의 존재를 부정하는 폭언들은 내 영혼을 조금씩 갉아먹었고, 그렇게 나는 낮은 자존감을 가진 채 성장했다. 하지만 내 아이들만큼은 나와 다르게 키우고 싶었다. 나보다 더 멋지고, 나보다 더 행복한 삶을 살게 해주고 싶은 마음에 참 열심히 육아를 했다.

세 아이를 키우는 동안 1,500권이 넘는 육아서를 읽었다. 첫째 아이를 키우며 읽은 육아서와 몸소 익힌 육아 경험으로 둘째 아이를 키우면 되는 줄 알았다. 하지만 둘째 아이는 첫째 아이와는 완전히 다른 존재였다. 첫째 아이와 둘째 아이를 키우며 읽은 육아서와 두 아이를 키워온 노하우로 셋째 아이를 키우면 될 거라고 생각했다. 하지만 셋째 아이 역시 너무 달랐다. 제각각 개성이 달랐던 세 아이는 나로 하여금 끊임없이 저마다 자신의 특성에 맞는 육아 방법을 찾게끔 했다.

감사하게도 그 노력이 하늘에 닿았는지 큰 아이에 이어 둘째와 셋째 아이까지 교육청 소속 영재 교육원에 합격하여 영재 수업을 받았다. 나와 아이들의 이야기를 아는 사람들은 그 비결을 궁금해했다. 일상의 힘, 독서의 힘, 다양한 경험의 힘, 대화의 힘, 가족 사랑의 힘, 놀이의 힘은 세 아이 모두가 영재원에 합격할 수 있었던 공통

된 가정환경이다. 하지만 세 아이들은 너무나 개성이 다른, 자기만의 색깔을 가지고 있었다.

누군가 내게 첫째 아이를 키운 육아 노하우를 알려달라고 한다면 아이가 다양한 책을 접할 수 있도록 한 것과 깊고 아팠던 사춘기를 그저 아이의 입장에서 관망하며 응원하려고 노력했던 점을 이야기할 것이다. 둘째 아이를 키웠던 노하우를 궁금해한다면 책과 공부보다는 놀이를 더 좋아했던 아이를 따라가며 세상의 속도와 시선이 아닌 아이의 속도를 존중하며 격려했던 이야기를 들려줄 것이다. 마지막으로 막내 아이를 키웠던 비결을 알려달라고 한다면 언제나 아이를 믿으려고 노력하며 아이의 다양한 욕구를 이해하고 허용해주었던 이야기를 함께 나눌 것이다. 세 아이 모두에게 공통적으로 만들어주기 위해 노력한 환경도 있었다. 하지만 아이들마다 특성이 다르다는 점을 인정하고 그에 걸맞은 개별적인 환경을 만들어주기 위해 애를 썼다. 그렇게 아이 한 명 한 명의 고유함을 존중했던 것이 세 아이를 자신의 빛깔대로 잘 자라게 한 이유가 아닐까 싶다.

이 책은 개성 강한 세 아이 스스로의 바람대로 국제고에 입학한 첫째 아이, 과학고에 진학한 둘째 아이, 일반고에 들어간 셋째 아이를 키우면서 겪은 육아 20년의 이야기가 담겨 있다. 세 아이들의 초등 시기를 지나 중 · 고등학교 시절을 거치면서 내가 새롭게 경험하고 깨닫게 된 얘기들과 시간이 지날수록 더 확신하게 되는, 아이를 키우는 일에 있어 꼭 전달하고 싶은 이야기를 담아냈다.

물론 나보다 아이를 잘 키운 사람들이 많고 주변에서도 흔히 찾을 수 있을 것이라고 생각한다. 그럼에도 이 책을 쓰는 이유는 세 아이를 키우는 동안 내가 느끼고, 깨닫고, 실천해온 순간순간들을 사장시켜버리는 것이 너무 아쉽다는 생각이 들어서다. 각박한 대한민국 현실 안에서 오늘도 어떻게 아이를 키우는 것이 옳은지 고민하고 방황하는 부모들에게, 녹록지 않은 이 땅의 교육환경을 먼저 경험한 선배로서 누군가는 해주었으면 하는 이야기를 해야겠다고 생각했다. 그것이 꼭 나일 필요는 없지만 내 이야기가 누군가의 가정에, 그 가정의 부모에게 또 한 아이의 영혼에 닿아 함께 행복할 수 있다면 나도 참 행복할 것 같다는 마음으로 이 책을 썼다. 세 아이를 키워보니 내 아이만 잘 커서는 결코 안 된다는 것을 뼈저리게 느꼈기에.

또한 그저 아이를 키우는 것이 아닌, 아이와 함께 성장하고 싶은 여러 부모들에게 내가 걸어온 여정이 조금이나마 괜찮은 길잡이가 될 수도 있겠다는 믿음에서 용기를 냈다. 내 이야기가 우리 모두의 아이를 잘 키워내는 일에 있어 하나의 방향타가 되었으면 좋겠다.

| 차례 |

1

첫 번째
씨앗

믿는 순간 기적이 되는
격려

아흔아홉 가지보다 한 가지를 칭찬하라

내일 비를 맞지 않으려고
오늘 미리 우산을 쓰고 있을 필요는 없지 않을까?
아이를 키우는 일 또한 그렇다.
부족한 내 아이를 부족하다는 눈으로 보지 말고
아이 스스로 자기 내부의 힘을 믿으며
성장할 수 있게 해주자.
그저 오늘도 사랑하며 있는 그대로의
내 아이를 바라보자.

공부에 처음 도전하는 아이

"엄마, 내가 공부를 잘할 수 있을까?"

초등학교 6학년 어느 가을, 학교에서 돌아온 둘째 아이가 고민 가득한 얼굴로 내게 말을 걸어왔다. 둘째 아이는 초등학교 시절 내내 피아니스트를 꿈꾸었다. 공부라는 것에 큰 관심이 없었고, 잘하지도 못하던 아이였다. 그런 아이가 갑자기 왜 이런 질문을 하는지 궁금해졌다.

"그럼! 그런데 갑자기 그런 질문을 왜 하는 거야?"

"응, 오늘 담임선생님께서 예술중학교에 가고 싶은 친구들은 손을 들어보라고 했어. 몇 명이 손을 들더라? 엄마도 알다시피 나도 피아니스트가 되고 싶어서 손을 들까 말까 잠시 고민했는데, 결국 안 들었어."

"왜?"

"만약에 내가 예술중학교에 가게 된다면 큰 일이 없는 한 앞으로 나는 계속 피아노를 치면서 살아가게 될 거잖아. 그런데 그러기엔 너무 아쉽다는 생각이 들었어. 나는 지금까지 피아노 치는 것 외에 다른 것을 열심히 해본 적이 없어. '내가 뭘 더 잘할 수 있는지, 또 좋아하는 것이 있는지 아무런 도전도 해보지 않고 그냥 피아노를 치면서 살겠다고 결심하는 것이 과연 옳은 것일까?' 하는 생각이 들었어. 그래서 당분간 피아노 치는 것 대신 공부를 좀 해볼까 싶은데, 내가 과연 공부를 하면 잘할 수 있을지 자신이 없어서 엄마에게 물어보는 거야."

그날 나는 아이에게 정말 훌륭한 생각을 했다고 칭찬한 뒤 이제부터 공부에도 한번 도전해보자고 이야기했다. 중학교에 다니는 동안 공부를 해보고 공부가 적성에 맞지 않다는 판단이 들면 그때 다시 피아노를 쳐도 좋고, 또 다른 걸 찾아봐도 좋을 것 같다며 아이의 생각을 적극 응원해주었다.

얼마 뒤 아이는 영재원 시험에 도전해보고 싶다고 말해왔다. 처음에는 정말 말리고 싶은 생각밖에 들지 않았다. 괜히 시험에 떨어져서 아이가 상처 입는 모습을 보고 싶지 않았기 때문이다. 하지만 계속 반대를 하다 보니 그 역시도 옳지 않다는 생각이 들었다. '우리 엄마는 내가 떨어질까 봐 걱정이 되어서 이렇게 말리는 구나' 하는 것을 아이도 알 것 같았기 때문이다.

결국 아이는 약간의 준비 끝에 교육청 소속 영재원에 지원했고 감사하게도 합격 소식을 듣게 되었다. 그렇게 아이는 그때부터 자신만의 발걸음으로 조금씩 공부 습관을 만들어나갔다. 중학교 2학년 때는 중학교 1학년 때보다 학교생활을 더 열심히 했고, 고등학교 때는 중학교 시절보다 더 열심히 자신의 길을 걸어갔다.

늘 공부보다는 노는 것과 잠자는 것을 먼저 챙겼던 아이였기에 아이의 이런 변화와 성취가 진심으로 기특하고 신기하기만 했다. 또 한편으로는 지금 당장 아이가 공부에 관심이 없고 잘하지 못해도 공부를 하고 싶다고 마음먹고 도전하는 순간 '나도 할 수 있다'는 성취감을 느낄 수 있는 아이로 키우겠다는 나의 결심과 실천들이 의미 있는 시도였다는 생각에 기쁜 마음이 들기도 했다.

하지만 그 과정이 그저 순탄했던 것은 아니다. 둘째 아이가 중학교에 갓 입학했을 때 이런 일이 있었다. 새로운 학교에 적응하던 아이는 힘들다는 얘기를 많이 했다. 그럴 만한 것이 애매한 통학거리와 버스 노선 때문에 무거운 가방을 메고 왕복 1시간이 넘는 거리를 매일 걸어다녔는데, 오후 5시쯤 하교를 하면 집에 도착하자마자 피곤하다며 누워버리기 일쑤였다. 그렇게 피로를 풀며 뒹굴거리다가 저녁밥을 먹으면 그대로 지쳐 잠들었는데, 밤 9시가 되어 흔들어 깨우면 잠에 취해 정신을 차리지 못하다가 밤 10시쯤 눈을 뜨고는 했다. 그러면 일어나자마자 한참 동안 서럽게 울었다.

"아침 일찍 일어나서 학교에 가고 그렇게 하루 종일 학교에서 공부를 하다가 저녁에 집에 왔는데, 밥 먹고 조금 자고 일어나니 벌써 깜깜한 밤이 되었어. 엄마, 나 슬퍼! 오늘 못 놀았단 말이야. 놀아야 되는데 벌써 깜깜한 밤이 되었어! 어떻게 해. 나 놀고 싶어!"

몸만 중학생이지 아이의 영혼은 여전히 초등학교 시절에 머물러 있는 것 같았다. 하지만 아이의 입장에서 보자면 초등학교 시절 내내 놀기만 하던 아이가 그 어느 때보다 일찍 일어나서 학교에 가고, 길어진 수업 시간에 적응하고, 먼 거리의 학교를 군말 없이 걸어다니며 열심히 살고 있는데 돌아오는 것이라곤 제대로 놀 시간도 없는 현실이 얼마나 서러울까 싶은 생각도 들었다. 그런 마음으로 아이를 바라보니 아이가 울 때마다 딱하기도 하고, 어이 없기도 하고, 귀엽기도 하고, 또 한편으로는 걱정도 되었다.

그런 아이가 조금씩 자기만의 발걸음으로 목표를 세우며 성장했다. 열심히 노력하는 아이를 볼 때마다 기특하고 신기하여 나도 모르게 칭찬의 말이 입에서 나왔다.

"우리 현지, 공부하고 있는 거야? 정말 멋지다! 시험 기간도 아닌데 이렇게 열심히 하는 모습을 보니까 참 기특하고 대견하다."

"응, 엄마. 내가 올해는 조금 더 열심히 해보기로 했어. 작년까지는 시험 기간에만 공부를 했잖아. 그리고 영재원에 다니는 것도 수업이 있는 날에만 참석하고 수업이 끝나면 다음 수업 시간까지 교재를 펼치지도 않았잖아. 그런데 작년에 보니까 영재원 수료식 날, 우수학생으로 선정되어 단상에 올라가 상을 받는 아이들이 있더라? 정말 부러웠어. 그래서 올해는 내가 꼭 우수학생으로 선정되어야겠다는 목표를 세웠어. 그래서 영재원 수업을 하고 온 날에는 수업 내용을 따로 노트에 정리하고, 모르는 부분이 있으면 학교 선생님을 찾아가서 물어보거나 인터넷 검색을 동원해서 의문점을 해결하고 있어."

아이의 말을 듣고 있노라니 이 아이가 정말 1년 전의 그 아이가 맞나 싶은 생각이 들었다. 그러면서 나는 또 칭찬을 했다.

"와, 정말 멋진 생각이다! 엄마는 네가 기특하고 대견해!"

과학고에 가고 싶어요

둘째 아이는 중학교 입학을 앞둔 겨울방학부터 집에서 혼자 약 한 학기에 못 미치는 분량의 수학 공부를 선행했다. 첫째 아이와 마찬가지로 교재 한 권을 사서 스스로 개념과 원리를 읽고 이해한 뒤 문제를 풀고, 풀다가 모르는 문제는 쉬었다가 다시 풀고, 또 쉬었다가 다시 풀고, 그래도 모르면 다음 날 다시 도전하는 방식으로 공부를 했다. 문제풀이의 양보다는 스스로 사고하는 것에 초점을 둔 학습 방법이었다. 이것은 내가 특별히 수학에 대한 개념이나 철학이 있었기 때문이 아니라 아이의 특성에 기인한 선택이었다.

초등학교 시절 내내 공부다운 공부를 해본 적이 없는 둘째 아이에게 선불리 양적인 학습 방법으로 접근하면 힘들어할 것이 분명했다. 놀기에도 모자란 하루가 학습 분량 때문에 더 짧게 느껴질까 봐, 그래서 공부를 시작하기도 전에 그 양에 기가 죽을까 봐 최소한의 양을 꾸준히 해나가는 것에 목표를 두었던 것이다. 이 방법을 택한 것은 이전의 선행된 경험으로 아이의 성향을 파악할 수 있었기 때문이다.

다른 아이들보다 조금 늦게 공부를 시작한 만큼 둘째 아이는 조급한 마음이 들었던 것 같다. 그러다 보니 하루에 어느 정도의 분량을 공부하고 싶냐고 물으면 매번 제풀에 지쳐버릴 만큼 거대한 목표량을 세웠다. 몇 번의 경험을 통해 아이의 그런 앞선 의욕과 뒷받침되지 않는 실천력이 실패로 돌아가는 것을 지켜보았기에 공부에 있어 무엇보다 성공의 경험을 심어주고 싶었다. 그런 이유로 양보다는 질, 얼마나 빨리 문제를 푸느냐보다 수학은 사고력의 학문이란 그럴듯한 논거를 내세우며 철저히 아이 중심적인 학습 계획을 세우게 했다.

첫째 아이의 경우에는 그 반대로 접근했는데, 공부 스케줄을 세울 때 계획표의 길이가 짧은 것을 아이가 못내 불안해한 적이 있었기 때문이다. 늦게 영어 공부를 시작한 아이는 하루에 영어책 한 권 읽기, 문법 조금 공부하기, 영어 CD 흘려 듣기 정도만 해도 충분할 것 같았지만 아이의 마음을 존중하여 교재의 양과 방법을 늘이는 데 주안을 두었다. 즉 하루에 단어 몇 개, 독해 문제집 두 권에서 각각 지문 한 개씩 읽기, 짧은 책 몇 권 읽기, 30~40분 분량의 미국 드라마 한 편 보기 등 공부 스케줄표의 시각적인 양은 늘여주되 실질적인 학습량은 얼마 되지 않도록 했다.

다행히 아이들도 자신에게 맞는 학습 방식을 잘 따라와주었고, 특히 둘째 아이는 오랜 시간을 들여 모르는 문제를 스스로 해결했을 때 느껴지는 희열감이 무척 좋다고 얘기했다. 그렇게 조금씩 수학에 대한 즐거움을 쌓아가던 중학교 2학년 겨울, 아이는 수학자가 되고 싶다며 과학고에 도전해보고 싶다는 말을 해왔다.

나의 네 번째 책인 《내 아이 위대한 힘을 끌어내는 영재 레시피》에서도 밝힌 것처럼 둘째 아이는 세 아이 중 가장 부족함이 많이 보였던 아이였다. 초등학교 시절 내내 있는 듯 없는 듯 눈에 띄는 점이 없는 아이였고, 유치원 시절엔 이렇게 말귀를 못 알아듣는 아이는 처음 봤다는 선생님의 노골적인 무시를 받기도 했던, 그저 노는 것을 좋아하는 평범한 아이였다. 그런 아이가 초등학교 저학년 때부터 학원 뺑뺑이를 돌며 엄청나게 공부해야 갈 수 있다는 과학고에 가고 싶다니 처음에는 솔직히 어떤 반응을 보여야 할지 난감했다. 하지만 언제나 그랬듯이 나의 잣대로 아이를 평가하기보다는 아이가 좋아하고 원하는 것에 길이 있음을 믿고 아이를 지지해주기로 마음을 고쳐먹었다. 그렇다고 무턱대고 도전하게 할 수는 없었기에 아이에게 이런 말을 했다.

"그러면 네가 과학고에 지원하고 합격할 만한 역량이 되는지 이번 겨울방학 때 테스트를 해보자. 방학 동안 혼자서 수학 진도를 어디까지 나갈 수 있는지 최선을 다해 도전해볼 수 있겠니?"

초롱초롱 전의에 불타는 눈으로 알겠다고 대답한 아이는 정말 방학 내내 열심히 공부를 해나갔다. 잠자는 시간과 밥을 먹고 조금 쉬는 시간을 제외한 하루 12~14시간씩 공부를 하며 중등수학의 모든 과정을 끝냈다. 또 혼자서 인강(인터넷 강의)도 없이 고등수학을 풀고, EBS 교육방송을 들으며 과학 공부 선행까지 자기 주도적으로 해나갔다.

고등수학을 풀 때는 아이가 참 힘들어했다. 개념을 다 이해했다고 생각했는데 막상 문제를 풀면 대체 어떻게 접근하고 사고해야 하는지 감이 잡히지 않는다고 했다. 그럴 때마다 아이는 "난 언니처럼 머리가 좋지 않아서 시간이 더 걸릴 거야. 어떻게 해? 지금도 느린데 언제 이걸 다하지? 난 왜 이렇게 머리가 나쁠까? 나도 언니처럼 머리 좋게 낳아주지"라고 말하면서 울곤 했다. 그때마다 나는 아이의 마음을 공감해주고 위로해주며 같은 말을 반복했다.

"문제를 못 풀어서 속상하구나. 고등수학은 중등수학과 정말 다르지? 척척 진도를 빼다가 하루에 몇 장도 못 푸니까 마음이 조급해질 거야. 하지만 현지야, 얼마나 많은 문제를 풀었는지는 전혀 중요하지 않아. 그 문제를 푸는 동안 네가 얼마나 많이 고민했느냐, 머리를 얼마나 사용했느냐가 네 머리를 더 좋아지게 만들어주는 거니까. 현지 머리는 계속 좋아지고 있어. 이렇게 열심히 머리를 굴리고 있으니까 반드시 더 좋아질 거야."

애쓰는 아이를 옆에서 지켜보니 그렇게 열망하는 학교에 합격할 수 있도록 부모로서도 최선을 다해 호응해주어야겠다는 생각이 들었다. 원서 접수부터 합격자 발표까지 약 네 달에 걸쳐 진행되는 쉽지 않은 과학고 입학 관문에 대한 정보를 최대한 모아 아이에게 주어야겠다고 생각했다. 하지만 그런 입시 정보를 평범한 학부모가 안다는 것은 쉬운 일이 아니었다. 만나는 사람마다 다른 이야기를 하고, 또 그런 정보들에 휘둘리다 보니 오히려 길을 잃은 느낌마저 들었다. 그래서 전문기관의 힘을 빌려야겠다는 생각이 들어 생애 처음으로 아이를 학원에 보냈다.

그렇게 중학교 3학년 여름방학 한 달간 과학고 지망생들을 위한 수학, 과학 총 복습반 수업을 들었고 9월, 10월은 일주일에 한 번씩 학원을 다니며 마지막 시험을 대비했다. 그리고 12월 초 드디어 과학고 최종 합격 소식을 듣게 되었다.

두려움 없이 도전하는 아이로 키우려면

둘째 아이가 초등학교 6학년 때의 일이다. 8월부터 하루에 3권씩, 무지막지하게 짧은 영어책으로(한 페이지에 4~7개 단어로 이루어진 한두 문장이 전부인 총 10페이지가 안 되는 책이었다) 집중 듣기 1권, 읽기 2권으로 3개월여간 나름의 영어 공부를 진행하고 있던 어느 날이었다.

"엄마, 내가 수업을 마치고 방과 후 피아노 시간까지 30분 정도 시간이 남아. 그래서 학교 도서관에 가서 책을 읽거든. 요즘은 영어책을 읽어."

"오, 그래? 어떤 책을 읽는데?"

"응, 《마법의 시간여행》이란 영어책!"

나는 정말 놀랐다. 그때까지 둘째 아이가 집에서 읽는 영어책은 한두 줄로 이루어진 아주 얇고 간단한 영어책이었기 때문이다. 그런 아이가 길고 두꺼운 책을 펼쳐본다는 것이 정말 믿을 수 없을 만큼 기특했다. 그래서 칭찬을 해주었는데 아이가 하는 말이,

"아니야, 엄마. 그 책이 길기는 하지만 내용은 되게 쉬워. 내가 집에서 읽는 영어책 수준이랑 똑같아."

아이는 영어책의 두께에 대한 두려움이 없었다. '이 책은 뭐라고 쓰여 있는 걸까?' 하는 오직 순수한 호기심뿐이었다.

초등학교 5학년 때는 이런 일도 있었다. 수업시간에 영어선생님께서 영어가 재미있는 친구들은 손을 들어보라고 하셨단다. 몇 명의 아이들이 손을 들었는데, 그 광경을 지켜보며 둘째 아이는 이런 생각을 했다고 한다. '와, 저 친구들은 어떻게 해서 영어가 재미있게 되었을까? 참 신기하네. 나도 그 방법을 알고 싶다!' 둘째 아이는 신기할 정도로 학습에 대한 두려움이 없었다.

아이를 20년쯤 키워보니 이런 마음을 먹는다는 것이 쉽지 않다는 것을 알고 있다. 첫째 아이는 네 살 때 《그리스 로마 신화》를 읽었고, 다섯 살 때 한국 역사책을 읽었으며, 일곱 살 때 《소크라테스의 변명》이란 철학책을 읽었다. 아이를 키울수록 첫째 아이가 보여주는 역량이 참으로 강해서 그런 아이가 마냥 기특했고, 내색하지 않으려 했지만 아이의 성장이 무척 기대되었다. 그런데 첫째 아이는 나이를 먹어가면서 오히려 학습에 대한 걱정과 두려움을 키워나갔다.

첫째 아이가 중학교 때였다. 그날도 전교 1등을 하고 온 아이는 성적이 올랐다고 기뻐하는 동생을 바라보며 이런 말을 한 적이 있다.

"나는 매번 전교 1등을 해도 시험을 칠 때마다 등수가 떨어질까 봐 잔뜩 마음을 졸이는데, 현지는 나보다 등수가 낮아도 저렇게 좋아하네."

둘째 아이는 첫째 아이나 막내 아이에 비해 유난히 도전에 대한 두려움이 없었다. 그런 아이를 바라보며 이유를 한참 동안 생각해본 적이 있다. '분명 같은 가정환경 안에서 자랐는데 왜 이 아이는 유별나게 걱정이 없고 학습에 대한 두려움이 없을까? 능력치를 따져 봐도 셋 중에 가장 부족한 듯 보이는 아이인데, 대체 이 무모할 만큼의 호기심과 도전 정신을 어떻게 갖게 된 것일까?'

오랜 고민 끝에 내가 찾아낸 결론은 내가 둘째 아이를 비난한 적이 없다는 사실이었다. 여러모로 부족해 보였던 아이에게 나까지 그 아이를 부정하고, 부족하다고 얘기하면 아이의 영혼을 죽여 결국 의욕마저 사그라들게 할 것 같다는 생각이 들었다. 그래서 어떠한 일이 있어도 비난하지 않았다. 조금만 잘해도 칭찬해주었고 기대하지 않았기에 부담감을 안겨주지도 않았다. 그저 존재하는 것 자체만으로 예뻐하려고 노력했다. 처음부터 가능하진 않았지만 아이의 행동들을 예쁘게 바라보려고 노력하고 또 노력했다.

독이 되는 칭찬과 득이 되는 칭찬보다 더 중요한 것

간혹 어떤 책을 보면 "와, 잘했어!"라고 결과를 칭찬받은 아이들은 잘해야만 칭찬을 받기 때문에 모험을 하지 않고 실패를 두려워한다는 말을 한다. 반면에 "그렇게 노력을 하더니 계속 발전하는구나!"라며 과정을 칭찬받은 아이들은 계속 시도하며 도전을 겁내지 않는다고 한다. 하지만 나는 초등학교 입학 이후 첫째 아이에게는 칭찬 자체를 잘 하지 않았고, 둘째 아이에겐 "잘했어! 멋지다!"라며 그 결과를 엄청나게 칭찬한 경우라 책의 이야기에 해당되지 않았다.

'아이의 기질 문제일까?'라는 생각도 했지만 100퍼센트 기질 때문이라고 하기에는 의심쩍은 구석이 있었다. 그렇게 곰곰 생각하다 보니 짚이는 부분이 있었다.

나는 지금까지 둘째 아이를 야단친 적이 없다. 평소 책을 많이 읽지도 않았고, 방학만 되면 낮과 밤이 바뀌어 새벽녘에나 잠이 들었지만 화를 내지 않았다. 일상생활에서 행동이 정말 느린데다 물건을 자주 잃어버리고, 메고 다니는 가방 속이 쓰레기통 같아도 꾸짖지 않았다. 초등학교 시절 내내 거의 놀기만 했지만 그 역시 나무라지 않았다. 적어도 둘째 아이에겐 "이제는 공부 좀 해야 하지 않겠니?"라거나 "몇 번을 얘기해도 아직까지 그대로니?"라며 잔소리를 늘어놓은 적이 없다.

오히려 모든 면이 여러 가지로 부족해 보여서 엄마인 나만은 이 아이를 야단치지 말자고 다짐했다. 나까지 꾸중을 늘어놓다 보면 아이는 정말로 자기 자신을 낮게 평가하고, 자신이 무가치하다고 여길 것 같아서 무언가를 조금만 잘해도 잘했다고 폭풍 칭찬을 했다. 어쩌면 기대치가 없었기 때문에 진심으로 칭찬할 수 있었다. 독이 되는 칭찬이든 득이 되는 칭찬이든 가릴 여유 없이 진심으로 칭찬해주었다. 또한 어떤 도전에 실패하여 풀이 죽어 있으면 누구나 한 번에 성공하기는 어려운 거라며 진심으로 아이의 기를 살려주기 위해 노력했다.

하지만 첫째 아이는 달랐다. 참 열심히 키웠고 그 노력에 부응하기라도 하듯 빛나게 자라주었기에 나도 모르게 점점 더 기대를 높여 나갔다. 학교에서 받는 상쯤이야 당연한 것이었고, 전교 1등도 기특하긴 했지만 지당한 것이었다. 그런 나의 욕심을 내색하지 않으려고 부단히도 노력했지만 아이는 엄마의 마음과 에너지를 대번에 읽어 버렸다.

첫째 아이가 자신의 꿈에 걸맞은 노력을 기울이지 않는 것 같으면 참고, 참고, 참았다가 나도 모르게 "너의 경쟁자는 학교 밖에 있는 전국의 수많은 전교 1등들이야"라고 아이를 아프게 하는 말들을 내뱉고 말았다. 아무리 노력해도 첫째 아이에 대해서만큼은 기대를 숨기기 어려웠다. 그렇게 엄마의 숨겨둔 무의식은 매번 의도하지 않은 상황에서 순식간에 튀어나왔고, 영민한 아이는 그 몇 번의 말들을 죄다 기억한 채 무척이나 부담스러워했다.

그 경험을 통해 어쩌면 아이의 성장에 독이 되는 칭찬과 득이 되는 칭찬의 구분들은 진심을 담은 칭찬보다 중요한 게 아닐지도 모른다는 생각이 들었다. 결과를 칭찬하든 과정을 칭찬하든 그보다 더 중요한 것은 그 말 아래로 흐르는 엄마의 숨은 마음일 것이다. 그것을 오랫동안 숨기기란 불가능에 가까우니까.

바라는 것이 없었던 둘째 아이는 무엇을 해와도 진심으로 기뻐서 나도 모르게 "와! 대단하다. 멋져! 우리 현지, 최고야!"라는 말이 튀어나왔다. 그 말은 아이의 가슴에도 진심으로 전달되었으리라. 하지만 전교 1등을 한 첫째 아이에게는 "기특하네, 우리 연수! 수고했어!"라고 말해봐야 소용이 없었다. 그 말 아래로 '그래, 이번에도 1등을 했구나. 그럼, 당연하지. 그 정도는 해야 우리 연수지. 내가 널 얼마나 열심히 키웠는데'라는 내 안의 숨겨둔 생각과 감정들이 나도 모르게 아이에게 흘러 들어갔을 테니까. 나의 목소리 톤에서, 억양에서, 성의 없는 리액션에서, 흔들리는 눈빛 속에서….

칭찬은 아이가 자신의 능력을 믿게 하는 뿌리

첫째 아이가 아주 어렸을 때 내가 읽었던 육아서 가운데 칼 비테Karl Witte의 자녀교육 이야기가 있었다. 당시 내 마음에 강한 울림을 주었던 책이다.

아직도 선명하게 기억나는 에피소드 하나는 저자가 영특하게 성장하는 자신의 어린 아들을 보면서 주변 사람들이 칭찬을 하기 시작한 부분이다. 그런 상황에 자주 노출된 저자는 아들이 자신의 우수함을 깨닫고 안하무인하게 자라날 것이 염려되어 부모인 자신이라도 아이의 기특한 부분을 칭찬하지 말자고 다짐했는데 나 역시 아주 큰 공감을 했다. 다른 사람을 우습게 보며 자신이 잘났다고 거들먹거리는 인성이 나쁜 사람을 나 역시 아주 경멸했기 때문에 유독 그 부분에 꽂히게 되었다. 그렇게 나 역시 아이의 영특한 면을 칭찬하지 않겠노라고 다짐했고, 나는 이 결심을 아주 충실히 지켜냈다. 특히 아이가 학교생활을 하며 본격적으로 상을 받아오기 시작하면서부터 더 그랬다.

하지만 그로부터 16년이 지난 뒤 소중한 내 아이는 그때 나의 잘못된 판단으로 인해 큰 상처를 입었다. 엄마의 칭찬을 듣지 못하고 자란 아이는 자신의 능력에 대한 자신감을 키우지 못하고 때로는 자화자찬, 때로는 자괴감에 사로잡혀 부초처럼 흔들렸다. 칭찬 없이 자랐던, 그럼에도 엄마의 사랑을 간절히 원했던 첫째 아이는 어떻게 하면 엄마에게 사랑과 인정을 받을 수 있을까 고민하다가 '멋진 사람이 되면 되겠다' '더 뛰어난 사람이 되면 되겠다' 다짐하고는 모든 일에 최선을 다했다고 한다. 수업시간에 필요한 단순한 선긋기나 가위질조차 엄청 꼼꼼하게 정성을 다했다고 한다.

중학교에 들어가서는 학교 공부도 열심히 하여 전교 1등을 했고, 학교에서 열리는 대회에서는 그것이 무엇이든 수학, 논술, 영어, 과학, 한자, 포스터 등 모든 대회에 참여하여 빠짐없이 상을 받아왔다. 그런데도 나는 그 많은 상을 받아오는 동안 아이에게 칭찬을 한 기억이 거의 없다.

그렇게 열심히 노력하고 그렇게 멋진 성취를 이뤄나가는데도 칭찬을 해주지 않는 엄마를 보면서 아이는 '더 뛰어나야겠구나' '더 멋진 사람이 되어야겠구나' 생각했다. 하지만 자신이 그 나이에 할 수 있는 모든 성취를 이루고 나서도 칭찬을 받지 못하자 '그렇다면 공부를 전혀 하지 않고도 전교 1등을 해보면 어떨까, 그건 정말 놀라운 일이니 그렇게 해보자' 라고 생각했다고 한다. 하지만 공부를 하지 않고도 전교 1등을 한 아이에게 돌아온 것은 엄마의 더 큰 걱정이었고, 그렇게도 아이가 바라던 칭찬은 결국 들을 수 없었다.

엄마의 칭찬은 아이가 자신의 능력에 대한 믿음을 갖게 하는 뿌리라는 것을 첫째 아이를 통해 배웠다. 아무리 주변에서 칭찬을 받아도 내가 정말 그런 칭찬을 받을 만한 사람인지에 대한 확신은 부모로부터 나온다. 부모로부터 인정받지 못한 아이는 자신의 능력에 대한 자신감을 가질 수 없다는 사실을 너무 아픈 시행착오를 통해서 배웠다.

추후에 나는 부모로부터 인정과 칭찬을 받아본 적 없던 내가 나조차도 모르는 사이에 내 아이에게까지 그러한 아픔을 물려주었다는 사실을, 나 스스로를 들여다보는 과정을 통해 알게 되었다. 내가 하필 칼 비테의 '칭찬하지 않기'에 꽂혔던 이유가, 인간성이 나쁜 사람을 경멸했던 이유가 내 안의 상처 입은 또 다른 자아인 '내면 아이' 때문이었음을 깨닫게 되었다.

긍정적인 힘을 심어주는 이미지 트레이닝

둘째 아이가 학습에 대한 두려움이 없었다고 해서 도전하는 모든 과정이 평탄했던 것은 아니다. 둘째 아이 역시 그 과정에서 몇 번의 고비가 있었다. 특히 과학고 입시가 진행되면서 아이는 여러 차례 스트레스를 받았다. 과학고 입시는 중학교 3학년 여름방학이 끝나는 8월 말 '자기소개서'를 제출하며 1단계를 거친다. 그 후 1차 합격생들을 대상으로 9월부터 11월 사이에 기습적으로 지원자의 학교로 방문 면접을 나와 아이의 실력이 어느 정도인지 테스트를 한다. 그렇게 2차 선발이 되면 마지막 3차는 과학고로 아이들을 소집하여 마지막 면접을 실시한다(둘째 아이가 입학할 때는 그랬다).

둘째 아이는 그해 9월과 11월 사이에 있었던 2차 면접을 아주 힘들어했다. 면접관들의 학교 방문일자가 정확히 공지된 것이 아니었기 때문에 늘 긴장감을 놓지 못하고 생활했다. 게다가 그 와중에 학교 중간고사를 치러야 했고, 주말엔 영재원과 학원에 가야했으며, 또 중학교 1학년 때부터 꾸준히 배우고 있던 학교 방과 후의 가야금 수업과 가야금 대회 준비가 겹치면서 아이는 완전히 녹초 상태가 되어 갔다.

이럴 때는 우선순위를 만들어 선택과 집중을 하자고 조언해도 버릴 수 있는 게 하나도 없다며 둘째 아이는 24시간을 쪼개어 쓰면서 힘들어했다. 그러다 보니 9월이 지나고, 10월이 지나도록 방문 면접을 나오지 않자 나중에는 아예 지쳐서 전의를 상실하기에 이르렀다. 밤에 잠자리에 들 때마다 또 아침에 학교에 갈 때마다 '오늘은 면접을 보러 올까?' 하고 긴장했다가 '오늘은 안 오는 구나!'를 반복하는

데, 그 모습을 지켜보는 내 마음까지 안타깝기만 했다. 어떻게든 아이의 두려움을, 아이의 긴장감을 줄여주고 싶었다.

그렇게 아이가 불안에 떨 때 아이를 옆에 눕히고 끝없이 들려준 이야기가 있다.

"우리 현지, 많이 불안하구나. 그래, 그럴 만도 하지. 날짜도 알려주지 않고 불시에 면접관이 찾아온다면 엄마도 정말 떨릴 것 같아. 근데 우리 현지는 잘할 수 있을 거야. 엄마가 하는 이야기를 머릿속으로 잘 그려봐! 아마도 내일은 면접관이 안 올 것 같아. 엄마의 느낌이야. 이번 주도 아니고, 다음 주쯤에 올 거야. 현지가 학교에 등교를 하고 교실에 앉아 있는데, 담임선생님께서 네 옆으로 오셔서 이렇게 이야기 해. '현지야, 오늘 오신대. 준비하자'라고 말이야. 갑자기 현지의 가슴이 쿵쾅쿵쾅 엄청나게 방망이질을 해댈 거야. '어쩌지? 어쩜 좋아?' 그러면서 말이야."

"하지만 흥분된 현지의 감정은 잠시 후 평안을 찾게 돼. 너무나도 편안해지지. 후~ 숨을 내쉬고, 호~ 하고 들이쉬면서 말이야. 이제 현지는 마음이 차분해졌어. 면접관 중에서 먼저 수학선생님이 너에게 질문할 거야. 자기소개서에 있는 내용들을 이것저것 물어보시겠지? 현지는 그동안 충분히 준비를 했기 때문에 두려워하지 않고 또박또박 너의 의견을 이야기할 거야. 학원 선생님도 현지의 수학 실력을 높이 평가했잖아. 기억나? 너의 수학적 접근방식이 창의적이라면서 작년에 합격한 학원에서 제일 잘하던 아이와 현지가 비슷한 느낌이라고 말씀해주셨잖아(이 부분은 아이의 기를 살려주기 위해서 학원 선생님께 들은 아이의 장점을 극대화하여 전달해준 것이다). 학교에서는 만들어진 아이보다 너처럼 창의적이고 상상도 못했던 방식으로 문제를 풀어내는 아이들을 뽑고 싶어 할 거야. 그러니까 걱정하지 말고, 쫄지 말고, 빨리 대답 못했다고 기죽지 말고 평소 네가 하던 대로 대답해. 알겠지?"

"자, 계속 이미지를 그려봐! 수학 선생님께서 현지의 대답을 듣고 깜짝 놀라시는 거야. 바로 찾고 있던 아이인 거지! 근데 너무 환하게 웃으면 곤란하니까 일부러 심각한 표정을 지을지도 몰라. 그 표정에 속지 말고 넌 계속 너다우면 돼. 그다음에는 과학선생님이 너와 대화를 나눌 거야. 근데 딱 네가 공부한 부분을 물어보시네. 완전 땡잡은 거지!"

그렇게 나는 아이를 옆에 눕히고 아이의 마음이 편안해질 수 있도록 이야기를 계속 들려주었다. 아이의 단점보다는 장점을 부각하면서 내가 들려주는 이야기가 실제처럼 느껴지도록 구체적인 이미지를 동원하여 전달하기 위해 애썼다. 올림픽 출전 선수들이 심상화 훈련을 하듯이 그렇게 눈앞에 그 상황이 펼쳐지고 있는 것처럼 말해주었다.

그러고 나면 아이는 위로를 받았는지 편안하게 잠들었다. 방문 면접을 기다리는 두 달간, 그리고 최종 면접을 보기 위해 학교에 다녀오고 결과 발표를 기다리는 동안에도 아이는 걱정이 되면 내게 달려와 이렇게 말했다.

"엄마, 내 옆에 누워서 그때 들려주었던 이야기 또 들려줘."

불안한 마음이 쉬었다 다시 날아갈 수 있도록

과학고에 합격하고 오리엔테이션에 다녀온 날에도, 입학을 한 이후에도 아이는 자주 불안에 떨었다.

"엄마, 나 괜히 과학고에 갔나봐. 거기서 꼴찌하면 어떻게 해? 친구들이랑 선배들 얘기를 들어보면 난 너무 준비가 안 되어 있어. 수학동아리에 들어가고 싶은데 거기는 시험을 쳐서 성적순으로 뽑는대. 다들 기하, 벡터까지 공부하고 들어온 건 기본이고, 영재학교에 시험 쳤다가 떨어진 정말 수학을 잘하는 애들만 그 동아리에 들어간대. 어떻게 해? 나도 거기 들어가고 싶단 말이야."

"엄마, 과학도 큰일이야. 내가 EBS 인강을 듣고, 하이탑도 풀고 입학하면 되지 않을까 하고 선배에게 물어봤는데 고개를 갸웃갸웃

저으면서 '안 될걸, 대학 교재도 봐야 하는데'라고 했어. 나 어떻게 해? 더 걱정인 건 내가 직접 실험 주제를 정하고, 보고서를 쓰고, 실험을 진행해야 한다는 거야. 엄마, 난 그게 제일 어려워! 어떻게 해야 할지 모르겠어. 자신이 없어."

"엄마, 우리 학교에 시계가 하나 있거든. 바로 수학 시계야. 일반적인 시계랑 다르게 수학식들이 적혀 있어. 난 참 신기하다면서 그냥 지나갔는데 친구들이 서로 그 시계를 분석하고 있었어. 엄마, 애들이 이상해! 난 이런 애들 처음 봤어. 이제 어떻게 해?"

그럴 때마다 온전히 아이의 입장에서 생각하려고 노력했다. 얼마나 걱정이 되는지 잘할 수 있을지 의심이 되고, 그럼에도 불구하고 잘하고 싶고, 그러기엔 자신의 준비가 부족한 것 같고, 그렇다면 지금이라도 열심히 학업에 매진해야 하는데 자신의 뜻과 달리 몸과 마음이 움직여지지 않아 다시 또 불안하고….

그렇게 아이가 힘들어하는 날에는 그냥 일반고로 전학 가자는 말도 여러 번 건네 보았다. 하지만 그때마다 아이가 진정 원하는 것은 입학한 과학고에서 잘 적응해나가는 것임을 깨닫고 나의 생각보다 아이의 의견을 더 존중해주었다. 이대로 학교에 남아 있으면 아이가 원하는 대학에 가기 힘들다는 사실보다 오직 아이의 욕구를 따라가기로 마음먹었다.

결국 내가 아이에게 해줄 수 있는 건 '정말 불안하겠구나' 하는 공감과 그럼에도 너는 잘할 수 있다고 격려하는 것, 또 아이의 고민을 현실적으로 해결할 수 있는 대안을 제시해주거나 아이의 마음이 실행으로 이어질 수 있도록 지속적인 힘을 실어주는 것뿐이었다. 그저 남과 비교하지 않고 아이만의 발걸음으로 나아갈 수 있도록 내가 슬프고 힘들 때 듣고 싶었던 이야기를 아이에게 들려주었다.

"엄마가 정말 정말 사랑하는 현지야, 힘내렴. 지금은 이 순간이 영원할 것 같고 이렇게 인생이 끝난 것 같아 절망적이겠지만, 인생은 늘 삶의 중간 중간마다 큰 선물을 준비해두고 있어. 네가 그 중간까지 포기하지 않고 가기만 하면 되는 거란다. 사랑한다. 언제든지 힘들면 엄마에게 와서 실컷 울어도 좋아. 그렇게 울고 나서 다시 시작하면 돼. 엄마는 언제나 현지 편이야."

대한민국 현실 안에서 어느 대학이 아이의 미래에 유리하고, 그 학교를 가려면 고등학교는 어디로 보내야 하며, 고등학교에서도 살아남으려면 얼마나 많은 공부를 미리 해놓아야 하는지에 대해 고민하며 아이를 키우지 않았다. 20년 동안 세 아이를 키우면서 배운 게 하나 있다면, 천 권이 넘는 육아서를 읽고 또 직접 경험하며 뜨겁게 시행착오를 해나가다 보니 그저 아이가 원한다면 부모인 나는 뜨거운 마음으로 호응해주고 그 아이를 따라가면 된다는 것이다. 완벽하지 않아도 내가 줄 수 없는 것에 마음 아파하지 말고 줄 수 있는 것에만 최선을 다하여도 아이는 잘 자란다는 것을 배웠다. 나는 진심으로 그렇게 믿고 있으며 아이는 그 믿음에 반응하며 자란다는 것을 이제는 안다.

나와 가족의 품에서 쉬었다 날아가고 다시 쉬었다 날아가던 현지는 과학고에 입학한 지 1년 반 만에 과학고 전체 1등을 하게 되었다. 늘 학교의 전설이 되겠다며 공부하던 현지의 꿈이 이루어진 것이다. 가능하지 않을 거라고 생각했던 일은 아무런 바람 없이 그저 아이가 정한 길을 뒤에서 묵묵히 따라가는 동안 그렇게 현실이 되었다.

현대 과학이 증명한 '믿음의 힘'

유명 심리학 강사 켈리 맥고니걸Kelly McGonigal이 테드TED 특강에 나와 스트레스에 관한 새로운 이야기를 한 적이 있다. 8년간 미국 성인 3만 명을 대상으로 지난 한 해 동안 얼마나 스트레스를 경험했는지 물어보고, 또 스트레스가 건강에 해롭다고 믿는지도 조사했다. 그리고 시간의 흐름과 함께 생을 달리한 사람들을 확인했다.

연구 결과 많은 스트레스를 경험한 사람들이 그렇지 않은 사람들보다 43퍼센트나 더 사망할 위험이 높았다. 하지만 이것은 스트레스가 건강에 해롭다고 믿는 사람들에게만 유효했다. 즉 스트레스를 해롭다고 여기지 않은 사람들은 사망과 거의 관련이 없었다. 다시 말해 스트레스를 경험한 사람들 중에 스트레스가 건강에 해롭다고 믿는 사람들에 한하여 사망률이 43퍼센트 더 높았던 것이다.

또 한번은 하버드대학교 연구진들이 새로운 실험을 했다. 실험 참가자들에게 스트레스 반응은 건강에 유익하다는 교육을 한 뒤, 그들의 혈관을 체크했다. 놀랍게도 일반적인 경우 스트레스에 노출되면 혈관이 좁아져 다양한 혈관질환이 발생하는 것과 달리 교육을 받은 사람들은 오히려 혈관이 넓어진 것을 발견하게 된 것이다. 즉 무엇을 믿느냐에 따라 우리는 완전히 다른 삶을 살게 된다.

아이를 키우는 일 또한 그렇다. 엄마의 욕심이야 광주리를 가득 채우고도 부족함이 있고 화수분처럼 끝이 없겠지만, 내일 비를 맞지 않으려고 오늘 미리 우산을 쓰고 있을 필요는 없지 않을까? 부족한 내 아이를 부족하다는 눈(믿음)으로 바라보지 말고 이 아이만의 길을 찾아서 끌어주고 밀어주면 아이는 스스로 자기 내부의 힘을 믿으며 성장한다. 그저 오늘도 사랑하며 있는 그대로 내 아이를 바라보자.

엄마 공부 1

행복한 부모가 행복한 아이를 키울 수 있습니다

"당신은 언제 행복한가요? 무엇을 경험할 때 사랑받는다고 느끼나요? 사랑하는 사람에게 정성스레 차린 밥을 먹이고픈 마음, 한 끼라도 굶지 않도록 챙기는 마음, 이왕이면 좋은 음식, 멋진 풍경, 만족스런 물건을 사주고 함께 있고 싶은 감정이 모두 사랑의 마음이지요. 그 사랑을 나에게도 허락해보세요. 당신은 충분히 그럴 자격이 있습니다. 그 어떤 변명과 핑계에도 불구하고 당신 아이에게 당신은 세상에서 하나뿐인 엄마 그리고 아빠니까요.

소중한 내 아이에게 무언가 하나라도 더 주고 싶어서 나의 욕구를 억지로 참다보면 아이에게 실망했을 때 내가 얼마나 열심히 널 키웠는데 이럴 수 있느냐고 참았던 만큼 화를 내며 결국 아이에게 상처를 주게 되지요. 나와 내 아이를 위해 나부터 행복을 선택하고 누려보아요. 행복한 부모가 행복한 아이를 키운다고 해요. 아이는 부모의 뒷모습을 보며 자라기 때문에 나의 욕구를 챙기고 주장하는 것은 이기적인 것이 아니라 나의 모습을 통해 아이에게 행복하게 살아가라는 메시지를 주는 거예요.

당신은 어떤 음식을 좋아하나요? 늘 가족과 아이의 식성에 맞춰 대충 음식을 먹지는 않았나요? 오늘은 날 위한 음식을 먹어보세요. 소중한 날 위해, 그동안 살아오느라 애써온 나 자신을 위해, 그 결과가 좋았건 나빴건 상관없이 수고한 날 위해 오늘은 내가 좋아하는 음식을 마음껏 먹어보세요. 맛있는 음식을 먹으며 나 자신에게 수고했다는 말도 꼭 해주세요."

가족의 귀염둥이였던 사람은
성공의 기분을 일생 동안 가지고 살며,
그 성공에 대한 자신감은
그를 자주 성공으로 이끈다.

지그문트 프로이트

2

두 번째 씨앗

따뜻하게 지켜보는 적극적인 관망

엄마의 조급함이 아이를 망친다

부모가 해야 할 일은
아이의 능력을 더 잘 키워주는 것이 아니라
부모 스스로 자신의 삶에 대한 태도를 되돌아보는 것이다.
결국 우리가 아이에게 물려주는 것은
내밀한 삶에 대한 태도이기 때문이다.

숙제하는 습관을 들이는 방법

세 아이 모두 영재원에 합격하고, 국제고와 과학고라는 특목고에 진학하다 보니 사람들은 종종 나와 아이들에 대해 여러 가지 오해를 한다. 많은 오해 중 한 가지는 '아이들이 알아서 자기 할 일을 잘할 것이다'라는 것인데, 절대 그렇지 않다. 우리 아이들은 지극히 평범하고 또 평범하다. 공부하라는 잔소리를 해봐야 먹히지 않기 때문에 하지 않는 것이고, 일찍 자라고 말해도 듣지 않기 때문에 안 하는 것이다. 대부분의 잔소리들이 허공에서 떠돌다 사라진다는 것을 반복된 경험으로 충분히 맛보았기에 괜한 힘을 빼고 싶지 않아서 안 하는 것뿐이다.

그렇다고 무턱대고 아이들을 지켜본 것은 아니다. 어릴 때는 아이들의 기본 습관을 잡아주려고 공을 들였고, 세 아이가 학교생활을 시작하면서부터는 '경험으로부터 배우기'라는 학교생활 가이드를 만들어두고 이를 실천하려고 노력했다.

첫째 아이가 초등학교에 입학한 후 한동안 매일 부딪히는 문제가 숙제였다. 자기 일은 스스로 챙기는 것을 기본 습관으로 가르쳐왔는데(예를 들어 유치원에 갈 때 입고 갈 옷 스스로 챙기기, 식사 후 자기 밥그릇과 국그릇, 수저는 싱크대에 넣기 등) 숙제라는 것은 이전에 해본 적이 없다

보니 알아서 하는 것이 쉽지 않았다.

하교 후 신나게 놀고, 밥 먹고 또 놀고, 책도 읽고 하다 보면 하루가 금방 지나가 곧 잠잘 시간이 되었다. 그러면 첫째 아이는 그제야 깜짝 놀란 얼굴로 숙제가 있다며 책상 앞에 앉았는데, 그때부터 급격히 떨어진 체력과 반드시 해야 하는 숙제 사이에서 짜증을 내며 꾸역꾸역 숙제를 했다. 그 모습을 보고 있자면 나 역시 슬금슬금 짜증이 올라오고 '그러게 진작 숙제부터 하고 놀아야지!' 하고 잔소리를 하고 싶은 마음이 부글부글 끓어올랐다. 하지만 아이는 잔소리로 자라는 것이 아님을 알기에 아무 말도 하지 않았다.

한동안 밤늦은 시간에 숙제 문제로 힘들어하는 아이의 모습을 지켜보았다. 그렇게 하루 종일 해야 할 일을 미루고 자기 직전에야 숙제하는 것이 힘들다는 것을 아이 스스로 느끼도록 일부러 2~3주의 시간을 기다렸다.

그러던 어느 날이었다. 그날도 밤늦게 숙제를 하느라 힘들어하는 아이 옆에 슬그머니 다가가 먼저 아이의 마음부터 공감해주었다.

"예쁜 딸! 늦은 시간까지 숙제하느라 정말 힘들겠다. 일찍 일어나서 학교도 다녀오고, 책도 읽고, 동생과 뛰어 놀고, 정말 에너지가 딱 떨어질 시간인데 숙제까지 해야 하니 너무 피곤하고 지치지? 엄마 딸, 안쓰러워서 어떻게 해?"

"응, 엄마. 정말 피곤해."

"그러면 지금은 그냥 자고, 내일 아침 일찍 일어나서 숙제할까?"

"아니야, 엄마. 아침부터 숙제하기는 싫어. 힘들어도 지금 하고 잘 거야."

"그래? 정말 멋지다! 오늘 해야 할 일을 내일로 미루지 않고 끝내려고 하다니 정말 훌륭하다! (잠깐의 시간을 두고) 그런데 말이야. 엄마는 네가 매일 밤 졸린 눈을 비비며 힘들게 숙제하는 모습을 지켜보니 영 마음이 아파. 숙제를 좀 더 쉽고 편하게 할 수 있는 방법이 없을까?"

"그런 방법이 있다면 당장 하고 싶어."

"엄마가 몇 주 동안 연수가 숙제하는 모습을 지켜보면서 들었던 생각이 있는데, 네가 하루의 에너지를 다 소모한 밤에 숙제를 시작하기 때문에 더 힘든 것 같다는 생각이 들었어. 낮에 에너지가 좀 남았을 때 숙제를 해보면 어떨까? 몸이 덜 피곤하니까 짜증도 덜 날 것 같은데."

"음, 그런가?"

"응, 엄마 생각은 그래. 밤늦게 숙제를 많이 해봤으니까 이번에는 낮에 한번 시도해보자. 시도해보고 그때 또 방법을 수정해도 되니까. 넌 언제 숙제하고 싶어? 학교에서 돌아오자마자? 아니면 저녁 식사를 끝내고 나서?"

"응, 엄마. 난 저녁밥을 먹고 나서 할래. 학교 갔다 와서는 좀 쉬고 싶거든."

"그래, 좋은 생각이야. 내일부터는 그렇게 해보자."

그렇게 아이를 지켜보고, 아이의 힘듦을 공감한 뒤 몇 가지 선택지를 제시하면서 아이 스스로 결정할 수 있도록 조율해나갔다. 물론 그 뒤로도 아이는 저녁 식사를 마치고 바로 숙제를 하겠다는 약속을 잘 지키지 않았다. 하지만 왜 약속을 지키지 않느냐고 화를 내거나 비난하기보다는 아직 아이의 나이가 어리다는 것을 받아들이려고 노력했다. 그럴 땐 그저 "저녁밥을 먹었으니 이제 숙제할 시간이네?"라는 말로 아이가 숙제할 시간이 되었음을 알려주었다. 그렇게 아이는 조금씩 자신이 스스로 정한 약속을 습관으로 만들어나가기 시작했다.

가끔은 저녁 식사 후 한참 놀다가 밤 9시쯤 숙제를 하겠다고 했는데, 그날의 컨디션이나 친척들의 방문 혹은 그저 하던 놀이에 빠져서 숙제 시간을 더 미루기도 했다. 하지만 확실히 밤늦게 숙제를 시작하는 것보다 일찍 끝내놓는 것이 좋다는 것을 경험으로 알고 난 뒤에는 더 이상 숙제 문제 때문에 속상하지 않았다.

아이의 숙제는 엄마의 몫?

막내 아이가 초등학교를 다닐 때 그림대회에 참가한 적이 있다. 대회가 열리는 주말에 모임 장소인 공원에 도착했는데 어찌나 사람들이 많은지 정신이 혼미할 정도였다. 대회에 참가하는 아이 한 명당 함께 온 보호자가 최소 한 명 이상이고, 그림을 그릴 수 있도록 돗자리 하나씩을 깔고 보니 그 넓은 공원에 빈자리가 보이지 않을 정도였다.

정신을 차린 뒤 아이가 그림 그릴 자리를 찾기 위해 이곳저곳을 헤매고 다녔는데, 그러다 보니 말도 안 되는 광경을 자주 목격하게 되었다. 바로 아이들의 그림을 엄마가 대신 그려주는 모습이었다. 한두 명이 아니라 너무나 많은 엄마들이 아이의 그림을 대신 그려주고 있었고 그 모습을 보자니 나중에는 나도 모르게 헛웃음이 튀어나왔다. '누구를 위한 대회지? 아이들이 스스로 원해서 참가한 것은 맞을까? 자신이 해야 할 일을 부모가 대신 해결해주는 모습을 보면서 아이들은 무슨 생각을 하며 자랄까?' 이해할 수 없는 풍경이었다.

어이없게도 세 아이를 중고등학교까지 키워보니 그 모습은 비단 그림대회에서만 일어나는 일이 아니었다. 아이가 중학생인데도 학교 과제인 독후감, PPT 만들기, 연구 보고서 등을 마치 자신의 일처럼 여기며 대신 해주는 엄마들이 많다는 것을 알게 되었다. 심지어 고등학교까지 진학한 아이에게 시험 기간만 되면 엄마가 며칠 동안 두문불출하며 전 과목을 요약정리 해주는 모습도 종종 보았다. 가장 어이없던 것은 그 결과물이 상장과 성적으로 이어지는 것이었다. 시험 성적만 가지고 아이를 평가하는 것이 아닌, 학습의 과정을 평가하려는 수행평가의 취지는 그렇게 극성맞은 엄마들로 인해 그 의미가 무색해지고 있었다.

특히 학교 대표로 선발되어 외부에서 경쟁해야 하는 각종 대회에서 엄마들의 극성이 도를 넘어선 경우를 많이 보았다. 보고서 하나에 몇 백만 원을 주고 전문가에게 의뢰를 하거나 대학생 아르바이트를 써서 그보다 낮은 금액으로 해결하는 부모들도 있었다. 이들은 공부하기에도 바쁜 아이들에게 숙제의 부담까지 떠맡길 수는 없다고 말하지만 내가 보기엔 궁색한 변명일 뿐 아이를 위해서라도 너무 근시안적인 태도로 보였다.

하교 후 남은 시간을 학원에서 보내고 그 학원의 숙제로 잠잘 시간도 부족한 상황까지 아이를 내몰지 않으면 학교에서 내주는 과제는 충분히 아이 스스로 해결할 수 있다. 그 과정에서 아이는 다양한 경험을 하고 그 속에서 스스로 고민하고 연구도 하며 전인적인 역량을 키워나갈 수 있다고 생각한다.

물론 알고 있다. 경쟁사회에서 유리한 고지를 차지하고 보다 인정 받을 수 있는 곳에 들어가려면 그 통과 관문인 시험을 잘 치러야 하고, 그러려면 많은 학습량이 필요하다는 것을 말이다. 그러니 공부만 하기에도 바쁜 아이들에게 그 외 잡다한(?) 것을 신경 쓰게 하는 것이 부모로서 속상하고 마음 아픈 일일 수 있음을 나 역시 잘 안다. 아이는 공부만 하고 그 외의 모든 것은 부모가 신경을 써주는 것이 어떻게 보면 세상을 살아가는 현명한(?) 모습처럼 보이기도 한다.

하지만 아무리 생각해봐도 그건 아이를 위하는 일이 아닌 것 같다. 우선 사회에서 요구하는 기본적인 통과 관문을 지나고 나면 거기서부터는 아이 자신의 실력으로 실적을 보여야 한다. 부모가 다 해주었기 때문에 자신의 것이 없는 아이들, 해온 것이 문제를 읽고 푸는 것밖에 없는 아이들은 그 이후의 여정이 힘들 수밖에 없다. 또한 자신이 해야 할 일을 부모가 대신 해결해주고 그 결과가 상장으로까지 연결되는 것을 지켜본 아이는 무슨 생각을 하게 될까? 그 결과가 진정 자신의 것이라고 생각할까? 아닐 것이다. 오히려 자신의 것이 아닌 것을 누렸음에 대한 죄책감과 자신에 대한 부족함, 낮은 자존감, 열등감, 부모에 대한 의존적인 성향을 형성할 가능성이 더 클 것이다.

만약 이 성취를 당연하게 여기는 아이가 있다면 더 큰 문제가 기다리게 된다. 모든 것을 내 것이라 우기며 일말의 양심도 없이 상대의 것을 빼앗거나 탐하는 사람 옆에 누가 마음을 내주며 남아 있을까? 어쩌면 그 인과응보의 첫 번째 대상은 그 아이의 부모일지도 모른다.

숙제는 어디까지 도와주어야 할까

나 역시 종종 아이의 숙제를 도와주었다. 하지만 어디까지나 곁에서 도와주는 정도이지 실제 작업은 아이 스스로 해결하도록 이끌었다. 예를 들어 '왕따'를 주제로 글짓기를 할 때 아이가 무엇을 써야 할지 몰라 힘들어하면 먼저 이야기를 나누었다.

"너는 왕따와 관련해서 보거나 듣거나 경험한 거 없어?"

"음… 생각났어. 초등학교 1학년 때 나는 A와도 친하고 B하고도 친한데 A가 나 몰래 다른 아이들과 함께 B를 왕따시키고 있었던 거야. 그 사실을 알고 나서 어떻게 해야 할지 몰라서 힘들었어. B를 생각하면 A에게 그러지 말라고 얘기해야 하는데, 엄마도 알지? 걔 성격이 좀 장난이 아니잖아. 바른 말을 했다가 나까지 괴롭힐까 봐 걱정도 되고, 선생님께 말씀드리자니 친구를 고자질하는 것 같아서 힘들었어. 다행히 그때가 학기 말이어서 며칠 뒤 반이 바뀌는 바람에 천만다행이었지만 마음은 안 좋았어."

"음, 맞아. 그때 네가 그 이야기를 했던 기억이 나. 그 이야기를 한번 써보는 게 어떨까? 지금은 몇 년이 흘렀고 전학도 와서 네가 그 글을 써도 누가 누군지 모를 것 같은데."

"알겠어. 써볼게."

그러고 나면 아이는 혼자 방으로 들어가 알아서 글짓기를 마무리 했다. 그림 그리는 숙제를 할 때도 주제에 대해 여러 가지 이야기를 나누고 나면 알아서 밑그림을 그리고 색칠을 했다. 뭔가를 만들어가는 숙제를 할 때는 재료를 사고, 오리고, 붙이는 등의 단순 작업에 시간이 많이 소모될 때가 간혹 있다. 그럴 때는 재료를 사다주거나 풀칠을 하거나 가위질을 도와주어 아이의 부담을 줄여주고 숙제할 의지를 북돋아주었다.

가끔 아이들은 숙제하느라 혼자 견뎌야 하는 시간 자체를 싫어하는 경우도 있었다. 그럴 때는 아이의 마음을 헤아려 숙제하는 아이 옆에서 책을 읽거나 내일 먹을 반찬 준비를 하면서 함께 있어 주었다.

시험 기간에 아이를 돕는 방법

요즘은 초등학생만 되어도 아이들의 시험 기간에 엄마들이 약속을 잡지 않고 아이에게 몸과 마음을 집중한다고 들었다. 구체적으로 어떻게 서포트하는지는 잘 모르겠지만 나 역시 아이들의 시험 기간이 되면 평소와 다르게 챙겨주는 부분이 있다. 바로 "엄마, 채점해줘"라고 요청할 때 나만의 문제집 채점이 시작되는 것이다.

초등학교 시절 내내 공부보다는 놀기에 열을 올리던 아이들이 어느 순간부터 공부를 해야겠다고 마음먹고 조금씩 학습이라는 것을 하면서 문제집을 풀기 시작했다. 공부는 늘 스스로 하는 거라고 말해왔기에 공부의 시작과 끝 모두를 아이 혼자 해야 하는 것은 아닐까 생각한 적이 있었다. 그래서 채점까지 아이의 몫으로 해야 하나 고민했다. 하지만 생각해보니 놀기만 하던 아이가 드디어 공부를 좀 해보겠다고 책상에 앉아 있는데 채점까지 아이에게 맡기면 노는 시간도 부족하고, 해야 할 일에 치여서 공부의 재미까지 반감될 수 있겠다는 생각이 들었다. 마치 청소가 싫어서 어지르지 않는 것처럼.

그래서 시험 기간이 되면 빨간색 색연필과 볼펜 한 자루를 들고 채점을 하기 시작했다. 답지를 맞춰 보니 아이들이 어느 단원을 상

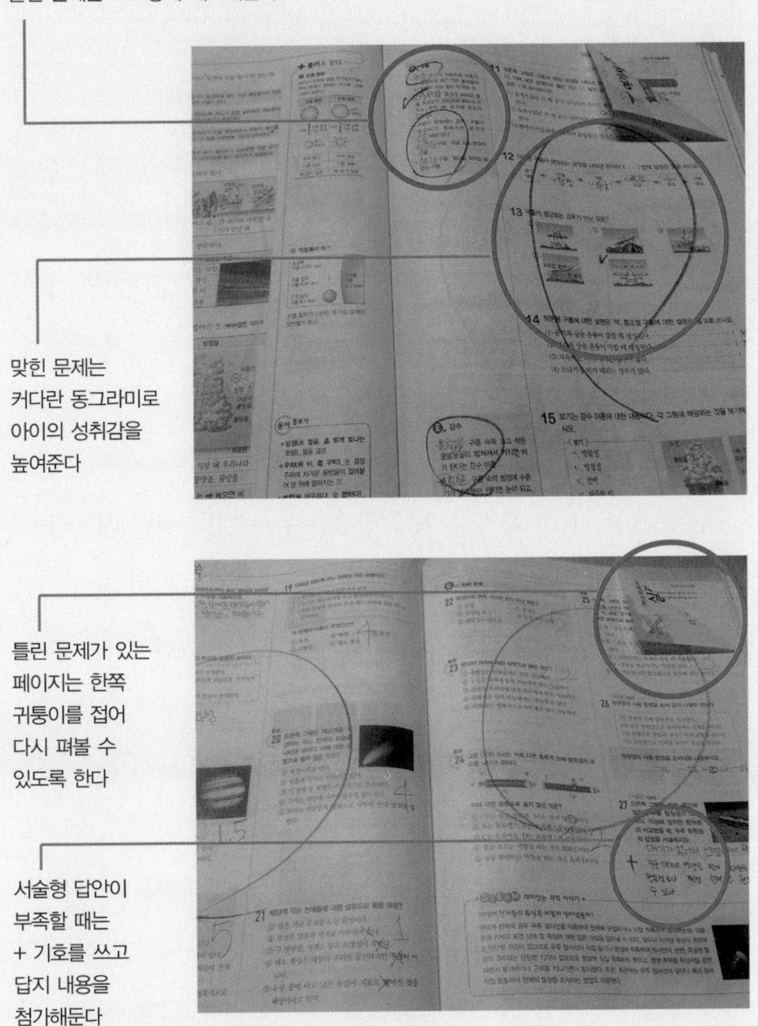

아이의 문제집을 채점할 때 커다란 동그라미를 그려 아이의 자신감을 높여주었다

대적으로 어려워하는지도 파악이 되고, 한마디씩 조언을 건네기에도 참 좋았다.

내가 채점하는 방식은 빨간색 색연필로 아이가 맞힌 문제는 커다랗게 동그라미를 쳐서 아이의 성취감을 높여주고, 틀린 문제는 조그맣게 체크 표시를 해서 상대적으로 작고, 적게 느껴지도록 하는 것이었다. 또 틀린 문제가 있는 페이지는 일일이 한쪽 귀퉁이를 접어 나중에 아이들이 접힌 부분만 펼쳐서 틀렸던 문제들을 쉽게 찾을 수 있도록 해두었다.

서술형 평가가 중요해지면서 높은 배점을 차지하는 서술형 문제들이 등장하는데 한 문제당 워낙 점수가 높다 보니 서술 내용에 따라 부분 점수를 부여하기도 한다. 그래서 문제집을 채점하면서 틀리지는 않았지만 아이가 써둔 서술형 답안이 조금 부족하거나 또 다른 표현이 있을 경우 플러스 기호(+)를 쓰고, 답안지에 나와 있는 정답을 빨간색 볼펜으로 더 첨가해서 써둔 뒤 그 페이지 역시 한쪽 귀퉁이를 접어두었다. 한 번 더 읽고 넘어가라는 의미였다.

둘째 아이를 위해 이런 방법을 쓴 적도 있다. 상대적으로 책을 읽은 양이 적어서인지 역사나 사회, 과학 분야의 전문용어가 잘 외워지지 않는다며 시험 기간에 속상해한 적이 있었다. 그때 우유팩 카드를 만들어 주었는데, 채점을 하면서 나왔던 전문용어들을 우유팩을 오려서 만든 카드에 검은 매직으로 써두는 것이다. 그런 다음 카드를 냉장고나 방문에 붙여 두고 매일 아침 등교하기 전이나 하교 후, 혹은 잠자리에 들기 전에 한 차례 읽어보게 했는데 좋은 결과로 이어졌다.

초등학교까지의 공부는 당장 눈앞의 결과보다 학습에 대한 좋은 이미지와 향후 하게 될 학습에 대한 기본 실력을 키워주면 된다고 생각한다. 그러므로 더 정확하게 서술해보라고 아이를 닦달할 필요도 없고, 완벽하게 쓰라고 몰아세울 필요도 없으며, 완벽하게 하지 않는 태도가 습관으로 굳어질까 봐 걱정할 필요도 없다. 또한 공부할 생각이 없는 아이에게 억지로 공부하라고 말할 필요도 없다.

고등학교까지 아이를 키워보니 아이는 적절한 환경을 만들어주고 적당한 거리에서 지켜보며 아이가 원할 때 언제든지 아이의 욕구에 반응해주면 자신만의 속도로 부모의 상상을 넘어서며 멋지게 성장한다는 것을 알게 되었다. 내 경험에 의하면 갈등은 늘 그 엇박자를 그릴 때 발생했다. 부모는 시키고자 하는데 아이가 하지 않을 경우나 아이는 하고자 하는데 부모가 관심이 없는 경우에 말이다.

현장체험학습 신청서 활용하기

아이들의 초등학교 시절, 상담 차 담임선생님을 뵈러 가면 거의 매번 착하고 바르게 커가는 아이들에 대한 칭찬의 말을 듣곤 했다. 그만큼 우리 아이들을 인정해주시는 말씀에 감사하고 뿌듯한 마음이 들었지만 그에 따르는 고충 또한 있었다. 바로 아이들의 짝꿍 문제였다.

한번은 첫째 아이가 초등학교 1학년 때 말썽꾸러기 짝꿍이 장난을 친다며 쉬는 시간에 책을 읽고 있는 아이의 뒤통수를 그대로 책상을 향해 찍어 눌러 앞니가 부러진 적이 있었다. 정말 다시 생각해도 아찔한 일이었다.

아이들은 초등학교 시절 내내 짝꿍 문제로 한 번씩 힘들어했다. 학급에서 가장 문제가 많거나 손이 많이 가거나 시끄럽게 떠드는 등 소위 말하면 선생님도 때때로 다루기 힘든 아이들을 우리 아이들의 짝꿍으로 자주 앉혀주셨다.

첫째 아이의 경우 다른 아이들은 계속 짝꿍이 바뀌는데 우리 아이만 오랫동안 짝꿍이 바뀌지 않고, 아이는 짝꿍 때문에 힘들어하는 상황이 계속되어 선생님을 찾아가 여쭤본 적이 있다. 그때 선생님은 이렇게 말씀하셨다.

"어머니, 그 부분에 대해서는 죄송스러운 마음이 있습니다. 하지만 그 아이를 다른 아이와 앉히면 교실이 소란스럽고 수업 분위기도 흐려져서 도저히 수업 진도를 나갈 수가 없어요. 그나마 연수니까(때때로 현지나 하윤이) 그 아이를 감당해내기에 죄송하지만 조금만 양해해주시면 감사하겠습니다."

어쩔 줄 모르고 미안해하시는 선생님의 마음이 헤아려져 나는 매번 아이들에게 돌아가 "네가 조금만 이해해줬으면 좋겠어"라고 말해주었다. 자신보다 타인을 먼저 생각하는 착한 엄마는 착한 아이를 만들었고, 그 착함은 자신이 없는 착함이었기에 나와 아이를 아프게 했다. 아이들의 초등학교 시절을 돌이켜볼 때마다 나는 늘 이 부분이 가슴 아프게 남아 있다. 내 아이만 챙기는 것이 아니라 우리 아이도 소중하다고 말할 수 있는 용기가 그때의 나에게는 없었던 것이다.

가끔은 아이들이 학교생활을 정말 힘들어할 때가 있었다. 그때 나는 주말을 끼고 금요일과 월요일에 현장체험학습 신청서를 써서 아이가 충분히 쉴 수 있게 해주었다. 그게 내가 할 수 있는 유일한 방법이었다. 학교에서 받은 스트레스를 풀어주고 분위기를 전환시켜 다시 학교에 갈 수 있는 에너지를 심어주려고 노력했다.

"며칠 째 계속 얘기하는 걸 보니 정말 학교 가기가 싫은가 보다."

"응, 엄마."

"좋아! 그러면 현장체험학습 신청서를 쓰고 하루만 학교를 빠지자. 언제로 할까?"

"오늘 당장!"

"정말? 그런데 현장체험학습 신청서는 미리 내야 하는 거잖아. 오늘은 학교에 가고 대신 이번 주 금요일과 월요일에 신청서를 내면 주말을 포함해서 4일 연속 학교에 가지 않아도 되는데 어때?"

"그래. 그게 좋겠다!"

"지난번에도 이야기했지만 현장체험학습 신청서는 1년에 딱 10일만 쓸 수 있잖아. 저번에 이틀 사용했고, 이번에 또 이틀을 사용하니까 이제 6일 남은 거야. 횟수로는 세 번! 알겠지?"

"응."

"좋아. 넌 언제 그 기회를 사용하고 싶니? 엄마 말처럼 금요일과 월요일에 신청해서 금요일부터 월요일까지 학교를 가지 않아도 좋고 목요일부터 일요일까지 쉬어도 되고 토요일부터 화요일까지 놀아도 되는데 말이야."

그렇게 다양한 선택지를 제시하며 아이와 이야기를 나눈 뒤 휴식을 취할 수 있게 해주었다. 사용할 횟수가 얼마 남지 않았을 때는 이제 두 번의 기회만 남았는데 이번에 꼭 사용하고 싶은지 물어보며 아이에게 선택권을 주었더니, 아이는 크게 힘들어하지 않고 나름의 스트레스를 풀어나갈 수 있었다.

그렇게 쉬게 된 4일의 시간 동안 1박 2일로 여행을 떠나거나 다양한 경험을 위해 평소에는 접하기 힘든, 꼭 보여주고 싶은 전시나 체험, 박물관 등에 데리고 다녔다. 주말이 아닌 평일에 가기 때문에 사람들로 붐비지 않아 구경하기에 더없이 좋았다. 그렇게 보고, 듣고, 넓힌 견문을 현장체험학습 신청서에 담아내면 1석 4조의 느낌이 들었다. 아이의 스트레스도 풀고, 경험도 넓히고, 사람들로 붐비지 않아 관람하기에도 좋고, 보고서를 작성하며 체험한 내용을 표현하는 연습까지 그야말로 의도하지 않은 선택으로부터 멋진 선물을 받은 느낌이었다.

현장체험학습 신청서를 잘 활용하여 방학이 아닌 비수기에 온 가족이 함께 저렴한 가격으로 추억을 쌓거나 아이의 견문을 넓혀줄 수 있는 여행을 떠나는 것은 생각보다 좋은 경험과 기회가 될 수 있다.

공부 스케줄 세우기

세 아이의 초등학교 방학생활은 말 그대로 무한에 가까운 자유시간이었다. 선생님 말씀을 빌려 방학이란 한참 덥거나 추울 때 수업을 쉬는 기간으로 다음 학기를 위해 몸과 마음을 충분히 쉬면서 체력을 보충해야 하는 시기라는 것이 아이들의 주장이었다. 그러면서 하는 말이 평소에는 학교 때문에 일어나는 시간이 정해져 있고, 자신의 뜻보다는 정해진 규율 속에서 움직여야 했기 때문에 자유가 없었다며 방학 때만큼은 '마음껏 쉬며' 에너지를 충전해보고 싶다고 했다.

그렇게 마음껏 생활하다 보니 수면시간이 새벽 1시에서 2시, 3시, 기어이 동트는 새벽 5~6시까지 넘어가기도 하고, 낮과 밤이 완전히 뒤바뀐 생활을 하곤 했다. 그렇게 한낮에 일어나면 해가 질 때까지 컴퓨터 게임을 하며 앉아 있는 등 정말 방학 때 아이들이 보여주는 모습은 학교에서 보였던 모범생과는 완전히 거리가 먼 생활이었다.

그러다가 첫째 아이가 초등학교 6학년 때 특목고에 가고 싶다는 말을 해왔다. 어떤 종류의 특목고든 이제부터는 영어 공부에 신경을 써야 할 것 같아서 11월 즈음부터 서서히 영어를 기본으로 하는 학습 계획을 세우기 시작했다. 따라서 언어의 4가지 영역 중 가장 기본이 되는 듣고 말하기부터 나의 의견보다 아이의 의사를 더 많이 반영한 학습 계획표를 작성했다.

우리가 만든 학습 계획표는 가로축에는 요일을 쓰고, 세로축엔 해야 할 교재나 학습방법, 횟수를 써두었다. 일요일은 무조건 쉬는 것을 기본으로 했고, 그렇게 계획한 것을 해내면 아이 스스로 스티커를 붙이거나 표시를 했는데 시간이 지나면서 계획표는 자연스럽게 수정되어 갔다.

가령, 처음에는 하늘을 찌를 듯한 기세로 스케줄을 짜면서 일요일만 쉬기로 했으나 진행을 해나가다 보니 토요일도 쉬어야겠다는 결론이 나왔다. 다만 주중에 실천하지 못한 계획들이 있다면 토요일에 보충을 하거나 다음 주 월요일 분량을 그 전 토요일에 미리 해두는 방식으로 고쳐나갔다. 또한 처음부터 많은 양을 계획하기보다는 조금씩 익숙해지고 난 뒤 공부량을 늘리거나 방법을 바꿔나가면서 수정했다.

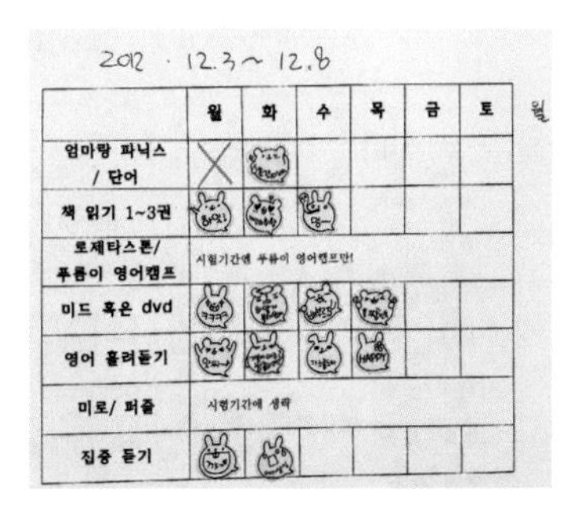

2012 · 12.3~12.8

	월	화	수	목	금	토
엄마랑 파닉스 / 단어	X					
책 읽기 1~3권						
로제타스톤/ 푸름이 영어캠프	시험기간엔 푸름이 영어캠프만!					
미드 혹은 dvd						
영어 흘려듣기						
미로/ 퍼즐	시험기간에 생략					
집중 듣기						

	월	화	수	목	금	토
영어 독해	오	O	O	O	O	O
영어 흘려듣기	늘	O	O	O	O	O
영어 집중 듣기	도	O	O	O	O	O
데일리 잉글리쉬	힘	O	O	O	O	O
영어책 읽기	내	O	O	O	O	O
미드 혹은 영화	봐	O	O	O	O	O
숨마쿰라우데	요	O	O	O	O	O

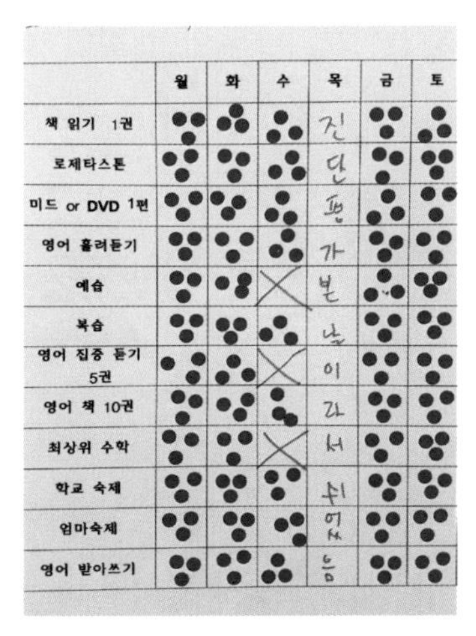

	월	화	수	목	금	토
책 읽기 1권	●●●	●●●	●●●	진	●●●	●●●
로제타스톤	●●●	●●●	●●●	단	●●●	●●●
미드 or DVD 1편	●●●	●●●	●●●	평	●●●	●●●
영어 흘려듣기	●●●	●●●	●●●	가	●●●	●●●
예습	●●●	●●●	X	본	●●●	●●●
복습	●●●	●●●	●●●	날	●●●	●●●
영어 집중 듣기 5권	●●●	●●●	X	이	●●●	●●●
영어 책 10권	●●●	●●●	●●●	라	●●●	●●●
최상위 수학	●●●	●●●	X	서	●●●	●●●
학교 숙제	●●●	●●●	●●●	쉬	●●●	●●●
엄마숙제	●●●	●●●	●●●	었	●●●	●●●
영어 받아쓰기	●●●	●●●	●●●	음	●●●	●●●

아이의 의사를 반영하여 만든 학습 계획표

학습 스케줄을 짜면서 재미난 일화도 있었다. 첫째 아이가 계획표를 만들자 막내가 따라 하기 시작했고 나중에는 둘째 아이까지 학습 계획표를 만들게 되었는데, 언니와 동생의 학습 스케줄이 많으니 둘째 아이가 은근히 경쟁심이 발동되었나 보다. 공부량을 늘이기는 싫고, 스케줄 개수는 늘이고 싶으니 머리 감기, 줄넘기하기, 훌라후프 돌리기 등을 추가하면서 A4용지를 가득 채우던 아이의 모습에 한참 웃었던 적이 있다.

아이들이 먼저 공부를 하겠다고 해서 만들기 시작한 계획표였다. 하지만 계획표에는 한동안 빈 칸이 대부분이었다. 그럴 때마다 습관을 제대로 들이고 있는 것이 맞는지 고민되어 주변 사람들의 이야기를 들어보거나 육아서, 강연 등을 찾아 보기도 했다. 그럴 때마다 대부분의 사람들은 습관의 중요성과 아이의 연령대를 얘기하며 더 늦기 전에 바로잡아야(?) 한다는 확신에 찬 조언을 들려주었다. 그런 날에는 내 신경도 예민해져서 아이들에게 한마디씩 던지곤 했는데 오히려 역효과가 난 경우가 더 많았다.

그런 경험을 몇 번 한 뒤로는 아이들이 목표량을 다하지 않아도 그냥 지켜보는 쪽을 택했다. 어차피 계획표가 붙어 있던 특정 장소가 있었기 때문에 오며 가며 자신의 목표량을 쳐다보지 않을 수 없었고, 자연스럽게 일주일 동안 자신이 해낸 일과 하지 못한 계획이

한눈에 보여 스스로 생각하는 바가 있을 것이라고 믿었다.

감사하게도 아이들은 그렇게 일주일씩 매주 새로운 학습 계획표를 붙였고 이번 주엔 꼭 지난주보다 더 많은 목표를 이뤄낼 거라고 각오를 다지며 기특한 모습을 보이기 시작했다. 내 안의 불안감 때문에 아이들을 믿지 못하고 훈육이란 변명으로 아이의 부족한 모습을 꼬집어서 얘기한 것이 미안하기도 하고 지금까지도 아쉽게 남아 있지만 나 역시 그 정도의 시행착오는 할 수 있는 거라고 스스로를 격려해주고 싶다.

습관 만들기보다 더 중요한 것

공자가 조카 공멸에게 물었다.

"벼슬을 해서 얻은 것은 무엇이고, 잃은 것은 무엇이냐?"

공멸이 답하기를 "얻은 것은 없고, 잃은 것은 세 가지가 있습니다. 첫 번째는 일이 많아 공부를 하지 못했고, 두 번째는 녹봉이 적어 친척을 돌볼 수 없었습니다. 세 번째는 공무가 급하여 친구들과의 관계가 소원해졌습니다."

공자는 같은 벼슬을 하고 있던 복자천에게도 물었다. 이에 복자

천이 답하기를 "잃은 것은 없고, 얻은 것은 세 가지나 됩니다. 첫 번째는 예전에 배운 것을 날마다 실천하여 학문이 늘었고, 두 번째는 녹봉은 적지만 이를 아껴 친척을 도왔기에 더욱 친근해졌습니다. 세 번째는 공무가 다급하지만 틈을 내니 친구들과 더욱 가까워졌습니다."

같은 벼슬을 하면서도 공멸과 복자천은 다른 삶을 살았다. 잃은 것만 세는 사람에게 삶은 고달프고 부족하고 힘들고 불행할 수밖에 없고, 얻은 것만 세는 사람에게 삶은 행복하고 감사하고 만족스러울 수밖에 없다. 또한 그런 에너지는 주변 사람들까지 물들여 같이 힘들거나 같이 즐거워진다.

많은 부모들이 아이가 태어나면 좋은 습관을 심어주기 위해 애를 쓴다. 밥을 먹을 때는 이렇게 하고, 양치질은 저렇게 해야 하며, 학교에 들어가면 공부 습관은 또 어떠해야 한다며 신경을 곤두세운다. 하지만 주변을 살펴보면 살아가는 데 필요한 습관을 심어준다는 명목으로 아이를 비난하고 꾸짖다가 뜻하지 않게 아이와의 관계를 해치고, 아이의 자존감을 죽이며, 좋은 습관 역시 심어주지 못하는 경우를 많이 보았다.

습관을 들이려다 자칫 잃는 것이 더 클 수도 있음을 늘 경계하여 소탐대실하지 않기를 바란다. 아이의 현재 모습을 부족하다는 시각

보다 발전 가능성이 무궁무진하다는 긍정적인 관점에서 보았으면 좋겠다. 아이는 정말 믿는 만큼 자라고, 믿어지지 않더라도 믿으려는 부모의 노력으로 자람을 20년의 세월 동안 정말 많이 보고, 듣고, 경험했기 때문이다.

용돈교육은 어떻게 해야 할까

아이가 학교에 입학하고 나서 부모가 하는 고민 중 하나는 용돈에 관한 부분이다. 언제부터 용돈을 주어야 할지, 얼마를 주어야 할지, 얼마나 자주 줄 것인지 등 용돈 문제로 고민을 하기 시작한다. 따라서 용돈을 주는 동시에 아이에게 용돈기입장을 착실하게 쓰는 연습을 시키거나 어린이 경제 교실을 체험하게 하거나 경제 관련 동화책을 사주기도 한다.

하지만 다른 모든 것이 그렇듯이 제대로 된 소비와 저축, 돈에 대한 인식 역시 아이들은 부모의 뒷모습을 보고 자라며 배우게 되어 있다. 따라서 용돈교육보다 더 중요한 것은 '돈에 대한 부모들의 태도 점검'이다. 돈과 관련하여 나는 아이들에게 매일 어떤 말을 들려주고 있는지, 하루하루 어떤 경험을 주고 있는지 자문해보아야 한다. 많은 경우 월급을 받자마자 주택담보대출의 원금과 이자, 아파트 관리비와 각종 공과금, 보험료 및 차량 유지비, 휴대폰 사용료와 아이들의 교육비, 그 밖의 신용카드비 등이 자동이체되어 통장을 빠져나간다. 그러고 나면 한숨과 자조 섞인 넋두리로 이렇게 말하곤 한다.

"벌써 돈이 다 나갔네. 진짜 월급 받기가 무섭다."

"그 돈이 다 어디로 갔지? 어휴, 왜 열심히 살아도 돈이 없지?"

"네 밑에 돈이 술술 들어간다. 나는 못쓰고 자랐는데, 너는 이렇게 해주는데도 뭐가 불만이야?"

"그런 일을 해서는 먹고살기 힘들어. 그냥 공무원이 최고야."

돈과 관련하여 일상에서 내뱉는 많은 말과 경험들이 나의 결핍으로 인한 분노나 상처가 아닌지 돌아봐야 한다. 이 사실을 알지 못하고 별 생각 없이 "그렇게 놀다가 나중에 어떻게 먹고살려고 하니?"라며 돈에 관한 두려움을 안겨주어서는 안 된다. 또한 "돈은 중요하지 않아. 돈은 있다가도 없고, 없다가도 있는 것이지만 머릿속에 들어가는 지식과 지혜는 누구도 빼앗아 갈 수 없어. 그러니까 공부해"라는 말로 돈을 폄하하게 만들어서도 안 된다. 물론 돈이면 다 된다는 생각을 심어주는 것 역시 옳지 않다.

용돈교육보다 더 중요한 것

다재다능하고 무엇을 해도 잘할 것 같았던 첫째 아이는 진로에 대한 고민을 하던 시기에 절대 이것만은 하지 않겠다고 열외시켰던 것이 바로 '사업'이었다.

"엄마, 나는 사업을 떠올리면 늘 망할 것 같다는 생각이 들어. 사업은 무서워서 못하겠어."

세 번이나 사업에 실패한 아빠의 영향으로 인해 '사업은 곧 망하는 것'이라는 단단한 상처가 아이에게 새겨진 것이다. 아이의 입장에서 본다면 충분히 내릴 수 있는 결론이자 상흔이지만, 무궁무진한 가능성을 지닌 아이가 부모로 인해 자신의 가능성을 단정지어버리는 느낌은 정말 가슴이 아팠다.

둘째 아이는 어려서부터 돈을 잘 흘리고 다녔다. 돈을 받는 순간에만 '씨익' 하고 웃고는 돌아서면 잊어버렸다. 세뱃돈도 그랬고, 학교에 들어간 이후로는 수학여행이나 체험학습을 간다고 용돈을 줄 때마다 그 순간이 끝이었다. 늘 써보지도 못하고 잃어버린 채 돌아왔다.

막내 아이는 어려서부터 돈을 좋아했다. 요 조그만 아이가 돈에 대해 무얼 안다고 그렇게 좋아할까 싶을 만큼 돈에 관심이 많았다. 2

년 터울의 둘째 아이와는 다르게 야무지게 자기 돈을 잘 챙겼고 보관도 잘했다. 유치원에 다니던 시절에는 성화에 못 이겨 은행에서 아이 이름의 통장을 개설할 정도였다. 세뱃돈을 저금하고 나면 가끔씩 붙는 몇 푼의 이자에 열광했고, 언니들도 쓰지 않는 용돈기입장을 사다가 혼자서 그렇게 행복한 미소를 지으며 기록하곤 했다.

심지어 초등학교 2학년 때는 주식에 관한 관심 때문에 《레몬으로 돈 버는 법》《예담이는 열두 살에 1,000만 원을 모았어요》《돈, 돈, 돈이 궁금해》 등 돈에 관한 책을 읽기 시작했고, 매일 변화하는 주식 시세를 알기 위해 신문까지 보았다. 언뜻 보면 어려서부터 경제 관념이 뛰어난 것 같은데 묘하게도 부정적인 부분이 있었다. 열심히 모은 돈을 순식간에 써버리는 것이었다. 엄마에게 강연을 다니면서 입으라고 외투를 사주고, 아빠의 구두를 사주고, 자신이 아끼는 인형을 위해 몇 십만 원짜리 앙증맞은 장식용 그릇을 사다가 소꿉놀이를 했다. 옳지 않았다.

세 아이 모두 경제 관념에 있어 잘못된 부분이 분명히 있었다. 하지만 나 역시 다양한 책을 읽으며 돈에 관한 나의 상처를 들여다보기 전에는 한 번씩 아이들의 모습을 가슴 아파했을 뿐 그 행동에 대한 정확한 이유를 파악조차 하지 못했다.

놀랍게도 세 아이는 돈에 관한 상처가 있는 엄마아빠 때문에 나 역시 주고 싶지 않았고 주는 줄도 몰랐던 돈에 관한 부정적인 인식과 상처를 대물림받고 있었다. 아이를 잘 키우려고 노력했지만 나도 모르게 내뱉은 말과 행동으로 인해 나와 같은 사람으로 키우고 있었다.

영화 〈조이 럭 클럽〉에 이런 대사가 나온다.

"난 중국식으로 자랐어. 욕심을 내지 말고 불행을 속으로 삭이라고 배웠지. 딸만은 그렇게 키우지 않으려 했지만 결국 똑같아졌어. 내게서 태어난 딸이기 때문일 거야. 내가 엄마에게서 태어난 딸인 것처럼. 너 자신의 가치를 모르는 건 너에게서 시작된 게 아니야."

부모로부터 보고 배워온 삶의 방식이 자식에게 그대로 대물림되는 것을 이처럼 잘 정리한 대사가 있을까?

우리는 삶에 대한 태도뿐 아니라 돈에 대한 인식 역시 아이에게 대물림한다. 아이가 학교생활을 시작하고, 사춘기를 향해 걸어가게 되면 이제 부모가 해야 할 일은 아이의 능력을 더 잘 키워주는 방법이 아니라 부모 스스로 자신의 삶에 대한 태도를 되돌아봐야 한다. 귀하고 소중히 길러서 나보다 더 좋은 환경을 물려주려고 애쓰지만, 결국 우리가 아이에게 물려주는 것은 물리적인 환경 변화 안에 숨은 내밀한 삶에 대한 태도이기 때문이다.

호모 이코노미쿠스

아이의 자존감을 키우기 위해서는 부모의 자존감부터 길러야 한다는 말이 있다. 돈에 관한 태도 역시 마찬가지다. 아이에게 올바른 용돈교육, 경제 관념을 물려주기 위해서는 부모인 나 자신이 돈에 관한 상처받은 내면 아이를 찾아서 되돌아보아야 한다. 왜냐하면 기나긴 유년기와 청소년기를 거쳐 가르쳤던 내 아이의 뛰어난 학습 능력도 결국은 사회활동, 즉 성인이 된 이후의 경제활동을 준비하기 위한 시간이기 때문이다. 인간은 '호모 이코노미쿠스(경제적인 인간)'다.

열심히 공부해서 좋은 직장에 들어가라는 말만 듣고(믿고) 공부한 아이들은 정해진 연봉을 받으며 언제 잘릴지 모르는 직장생활을 한다. 반면 공부에 소질과 재능 혹은 인내가 없는 아이들은 "난 공부는 글렀고, 커서 가게나 차려야지" "난 공부 대신 돈을 많이 벌 거야" 하고 생각한 뒤 졸업 후 그렇게 살아간다. 세간에 떠도는 우스갯소리로 "열심히 공부해봐야 학창 시절에 공부 못했던 아이들이 세운 회사에 들어가기 위해서 그렇게 애를 쓴다"는 말처럼 말이다.

돈은 인성과 학습과 별 상관이 없다. 간혹 사람은 참 나쁜데 돈은 잘 벌고 잘 쓰며, 학창 시절에 공부는 못했지만 어른이 되어 돈을 잘 벌고 잘 쓰는 사람들이 있다. 이런 사람들은 적어도 돈에 관한 한

'나는 돈을 벌지 못할 것 같다'는 부정적인 인식이 없기 때문에 수중에 늘 돈이 있는 것이다. 재무 컨설턴트이자 머니 칼럼니스트로 활동하는 윤지경 강사가 대한민국의 아주 많은 부자들을 만나면서 인터뷰하는 동안 가장 크게 느낀 것은 부자들은 모두 돈을 좋아하고 돈에 대한 부정적인 생각이 없다는 점이었단다. 따라서 용돈교육보다 더 중요한 것은 '돈에 대한 부모의 태도'다.

아이가 어느 정도 자라서 초등학생이 되면 꼭 용돈을 주자. 얼마의 돈을, 어느 정도의 간격으로, 어떤 항목에 쓰도록 할 것인지는 중요하지 않다. 아이에게 용돈을 주면 그 돈을 어떻게 꾸려나갈 것인지 시간을 주고 아이 스스로 시행착오를 통해 배우도록 기다려주자. 경제동화를 읽을 수 있게 해준다거나 용돈기입장을 쓰고, 저금통이나 통장을 만들어주되 그 행위를 통해 아이에게 전하고자 하는 메시지가 돈에 대한 두려움은 아니기를 바란다.

엄마 공부 2

나를 위한 즐거운 소비를 해보세요

"오늘 하루 만 원의 행복을 느껴보세요. 만 원으로 무엇을 했을 때 신이 나고 행복할까요? 평소에 해보지 않았던 것에 도전해보세요. 커피숍을 지나갈 때마다 '아, 저기 들어가서 책을 읽으며 힐링하고 싶어'라고 생각만 해왔다면 오늘 한번 시도해보세요. 코인 노래방에서 노래하는 것도 좋고, 마음에 드는 이모티콘을 사도 좋아요. 조각 케이크 사 먹기, 영화관 가기, 아이스크림 사 먹기, 마스크 팩을 사서 얼굴에 붙이기 등 만 원 안에서 내가 가장 행복할 수 있는 무언가에 마음껏 돈을 써보세요. 물론 이만 원도 좋아요. 그 정도는 나를 위해 쓸 수 있잖아요. 사랑이란 사랑하는 대상에게 시간과 정성, 노력과 돈을 사용하는 거예요. 사랑하는 날 위해 선물을 해주세요. 인생은 즐기는 거예요. 오늘 하루 나를 위해 즐거운 소비를 해보세요."

아이들에게 줄 수 있는 가장 큰 선물은
우리가 가진 귀중한 것을 아이들과 함께 나누는 것만이 아니라
자기들이 얼마나 값진 것을 가지고 있는지
스스로 알게 해주는 것이다.

아프리카 스와힐리 격언

3

세 번째 씨앗

절제를 위한 담대한 허용

스마트폰과 게임에 대처하는 자세

조금 더 멀리 내다보고 아이를 바라봤으면 좋겠다.
나의 좁은 틀을 주장하지 말고,
아이가 자신의 생각과 경험을 통해
성장하도록 지켜보는 것이 부모의 역할이다.

아무 것도 하지 않고 무엇이든 할 수 있는 여유

어려서부터 지나친 선행 학습과 학교 공부에 시간을 보내다 보면 좋아하는 것을 통해 성장하는 일이 쉽지 않다. 좋아하는 것에 빠져들어 자신만의 개성과 능력을 발휘하려면 시간적인 여유가 꼭 필요하다. 적어도 초등학교까지는 선행 학습보다 자신이 좋아하는 일에 깊이 심취해보는 경험이 아이를 성장시킬 수 있는 더 훌륭한 방법이라고 생각한다. 경험이 아이를 꿈꾸게 하고 경험한 만큼 아이는 성장하기 때문이다.

둘째 아이가 초등학교 입학을 한 달 앞둔 겨울날이었다.

자고 일어나 보니 거실 한가운데를 가로지르는 케이블카 모양의 플라스틱 통이 털실에 묶여 공중에 매달려 있었다.

"이게 뭐야?"

"응, 책상 위에서 인형 놀이를 하다가 소풍을 가자는 이야기가 나왔어. 그런데 책상이 너무 높아서 인형들이 뛰어내리기 힘들겠다는 생각이 들었어. 그래서 전화기가 있는 책꽂이까지 케이블카를 만들어서 타고 간 뒤에 책꽂이 주변의 물건들을 하나씩 밟고 방바닥으로 내려오면 좋겠다는 생각을 했어."

"음~ 그래?"

둘째 딸 현지가 만든 인형들의 케이블카

"어떻게 케이블카를 만들까 고민했는데 털실과 플라스틱 통을 이용해보기로 마음먹었어. 어때? 멋지지?"

정말 그럴듯한 케이블카를 보면서 어떻게 만들었는지, 어쩜 그런 생각을 했는지 참 기특하다는 생각을 했다.

우리 집 책상 아래에는 언제든지 꺼내어 이것저것 만들어볼 수 있는 폐품을 담아둔 상자와 여러 종류의 종이류, 문구류, 털실, 미술 도구가 들어 있는 서랍장이 있었다. 다이소에서 구입한 커다란 종이 상자 안에는 각종 휴지심, 씻어 말린 우유팩, 버섯이 담겨 있던 일회용 플라스틱 그릇, 과자 포장지 등이 가득 들어 있었는데, 아이들은 언제든지 그 상자를 꺼내 머릿속으로 떠올린 아이디어들을 실제로

막내딸 하윤이가 다섯 살 때 우드락으로 만든 물레

만들면서 놀곤 했다.

막내 아이는 다섯 살 때 우드락으로 물레를 만들기도 했다. 신기한 것은 왼쪽 손잡이를 돌리면 정말 물레가 돌아간다는 것이다. 무엇을 만들까 생각해보고, 어떻게 만들 수 있을지 고민한 다음, 여러 번의 실패에도 굴하지 않고 뜻했던 것을 만들어내려면 시간이 필요하다. 그것도 아주 충분한 시간이!

세 아이에겐 늘 놀 수 있는 시간이 충분했고, 원한다면 마음껏 책을 읽을 수 있는 여유도 넉넉했다. 학원을 다니지 않아 학원 숙제를 하지 않아도 되니 아이들은 시간이 많았고 그렇게 남은 시간 동안 자신이 하고 싶은 것을 했다. 그러다 보니 자연스럽게 사고력이 길러지고, 집중력이 길러지고, 문제를 해결해내며 그 역량들은 학교 성적과도 연결되었다.

부모의 입장에서 보면 때때로 그 시간들이 쓸데없고, 게으르며, 허송세월을 보내는 듯 느껴지는 순간들도 있다. 아이들보다 더 많이 산 나의 기준에 의하면 공부라는 것에는 때가 있고, 이왕 공부해야 할 시절에 열심히 공부해서 나쁠 것은 없기 때문이다. 공부를 잘해서 재수, 삼수 없이 대학을 가고, 좋은 직장에 취직하여 멋진 배필을 만나고, 알콩달콩 행복하고 여유롭게 사는 것은 많은 사람들이 희망하는 꽤 멋진 삶이기에 더욱 그렇다.

하지만 요즘 소위 고학력 백수들이 참 많다. 또한 겉으로 보기에는 모든 것을 다 가지고 있는 듯 보이는 사람들도 그들의 내면을 들여다보면 허망함과 외로움에 사로잡혀 행복하지 않은 경우가 정말 많다. 서점에 가면 심리학 서적들이 베스트셀러에 오르는 이유도 같은 맥락일 것이다. 내가 아무리 우러러보는 사람들의 삶도 알고 보면 자신만의 걱정과 고민을 짊어지고 살아간다. 단지 내가 가지고 있지 않아서 그들의 삶이 더 나아 보일 뿐이다.

세상이 변하고 있다. 황혼 이혼과 졸혼, 여러 번의 재취업, 태어난 곳에서 평생 사는 것이 아니라 내 선택에 의해 얼마든지 전 세계로 나갈 수 있는 자유, 먹고사는 것만이 중요한 것이 아니라 어떻게 사는가도 중요하고, 마음먹기에 따라서는 얼마든지 다시 인생을 시작할 수 있는 세상이 되었다. 타고난 가정환경과 학창 시절의 성적이 아이의 사회적 성공을 장담하지 못하고, 인공지능이 인간의 삶에 얼마나 큰 영향을 미치는지 그 누구도 경험해본 적 없는 세상이 다가왔다.

그러니 조금 더 멀리 내다보고 아이를 바라봤으면 좋겠다. 길고 긴 삶의 여정 중에서 지금 우리 아이에게 정말 필요한 것이 무엇인지 생각해보았으면 한다. 나의 좁은 틀을 주장하지 말고, 아이를 위한 것이 무엇인지 판단한 후 그 환경을 마련해주었으면 좋겠다. 아이가 자신의 생각과 자신이 어떤 사람인지 경험을 통해 찾아나갈 수 있는 시간은 아동기에 부모가 아이에게 줄 수 있는 최고의 선물 중 하나다. 그것이 부모의 역할이 아닐까.

그렇게 믿고 키워온 세 아이의 발자취를 보니 아이를 믿고 기다려준다는 것은 꽤 멋진 방법인 것 같다. 나는 모든 아이가 다르다고 믿는다. 어찌 보면 한 부모, 한 가정이었지만 각각 다른 개성을 가진 아이들을 키우면서 내가 깨닫는 부분이 달라지다 보니 나는 세 아이를 모두 다르게 키웠다. 육아의 큰 틀은 같았으나 아이의 다름을 따라가려고 노력했고 그 결과 세 아이 모두 그들의 개성대로 온전히 자랐다. 때로 불안했지만 많은 책과 강연에서 전문가들이 하는 이야기를 믿으며 불안의 에너지 대신 나를 믿고, 아이를 믿기로 선택하며 한 걸음씩 나아갔다. 그러자 믿는 것이 현실이 되었다.

컴퓨터와 스마트폰 얼만큼 허용해야 할까

문제는 아이들이 여유 시간을 창의적으로 사용하는 것이 아니라 각종 컴퓨터 게임이나 스마트폰을 사용하면서 흘려보내는 데 있을 것이다. 아마 아이를 학교에 보내고 난 뒤 경험하는 큰 고민 중 하나가 컴퓨터와 스마트폰의 구입 시기 그리고 그것의 허용 시간에 관한 것이 아닐까 생각한다.

세 아이를 키우던 초기에 미디어 노출은 적어도 36개월 이후부터 하는 것이 좋다는 글을 자주 읽었다. 아이를 잘 키우고 싶었던 나는 그 36개월을 반드시 지키겠다고 마음먹었다. 하지만 첫째 아이가 돌이 되기도 전에 둘째 아이를 임신하고 심한 입덧이라는 현실 앞에서 이러한 나의 의지는 꺾일 수밖에 없었다. 온몸에 힘이 없어 아이에게 책을 읽어주거나 놀아주는 일을 할 수가 없었기 때문이다. 본의 아니게 나는 돌 전부터 미디어에 노출시켰다. 대신 이른 미디어 노출의 부정적인 영향이 아이에게 덜 미치도록 아이가 영상물을 볼 때는 꼭 함께 보려고 애를 썼고, 영상물을 매개로 대화를 나누려고 노력했다.

우리 집 세 아이는 모두 돌이 되기 전에 미디어에 노출되었다. 하지만 놀이 시간과 책 읽는 시간, 엄마아빠와 함께 소통하는 시간도 충분히 가졌기 때문에 미디어에 중독되거나 기타 바람직하지 못한 걱정할 만한 증세는 나타나지 않았다.

그러다가 세 아이의 초등학교 시절, 엑셀이나 파워포인트 등 다양한 컴퓨터 활용 방법을 배우고 싶다 하여 방과 후 컴퓨터 교실에 다닌 적이 있다. 그런데 이럴 수가! 이곳에서 수업을 신청한 답례로 각종 게임 자료를 나눠주는 바람에 아이들이 자연스럽게 컴퓨터 게임 세계에 입문해버린 것이다. 메이플스토리, 마법천자문, 테일즈위버 등 여러 가지 게임을 그렇게 알게 되었다. 처음엔 하루에 1시간씩 게임을 허용해주었는데, 문제는 아이가 셋이나 되다 보니 자기 차례가 아닐 때도 컴퓨터 화면 앞으로 의자를 갖고 와서 다른 아이가 게임하는 모니터 화면을 넋 놓고 바라보게 되었다. 즉 하루에 3시간씩 컴퓨터 게임 화면을 보게 된 것이다.

그 상황이 불편했던 어느 날, 뇌와 관련된 학부모 교육을 듣게 되었다. 하루 30분일지라도 매일 컴퓨터 게임에 노출된 아이들이 일주일에 한 번 하루 4~5시간씩 줄곧 게임을 하는 아이들보다 중독이나 부정적인 영향에 빠질 확률이 더 높다는 이야기를 들었다. 매일 반복하는 것은 습관이 되기 때문이라고 했다.

즉시 노출 시간을 바꿔야겠다고 결심했다. 나의 경우 한술 더 떠서 학기 중에는 아예 게임을 금지했고 대신 방학 때는 매일 한 시간씩 게임을 할 수 있도록 허락해주었다. 엄마가 강연을 들었는데 매일 컴퓨터 게임을 반복하는 것은 뇌 발달에 도움이 되지 않는다고 얘기해주고, 대신에 방학 때는 매일 할 수 있게 허락해주겠다고 했더니 아이들도 어렵지 않게 수긍을 했다.

게임 중독을 막기 위한 아이디어

방학이 되었다! 그렇게도 바라던 게임을 할 수 있는 즐거운 시간이 찾아온 것이다. 처음에는 매일 1시간씩 자신의 게임 시간을 지키던 아이들이 점차 예전과 같은 반응을 보이기 시작했다. 자신의 차례가 아닐 때도 컴퓨터 앞에 앉아 게임 화면을 지켜보기 시작한 것이다. 즉 하루 3~4시간을 모니터 앞에 코를 박고 앉아 있는 꼴이었다. 그런데도 자기에게 주어진 시간은 고작 1시간밖에 없다며 계속 게임을 더 하고 싶다고 보채기 시작했다.

생각보다 한 달이란 방학 기간은 빨리 지나갔지만 생각 외로 그런 방학이 자주 찾아왔다. 남들은 방학마다 부족한 학습량을 채우고, 뭔가를 배우며 알차게 시간을 보낸다고 하던데 우리 아이들은 점점 야행성이 되어가고, 하루 4~5시간씩 컴퓨터 앞에 앉아 있게 되면서 점차 이런 모습이 나 역시 더 이상 예쁘게 보이지 않았다.

이왕 컴퓨터 게임을 허락한 시간은 어쩔 수 없다고 하더라도 하루의 나머지 시간은 효율적으로 보냈으면 하는 생각에 작은 꾀를 하나 냈다. 하루에 한 번씩 가졌던 식탁 대화에서 최근에 기사화된 컴퓨터 게임 중독의 폐해에 관한 내용을 읽어준 것이다.

그 당시 크게 이슈가 된 기사가 하나 있었다. 갓난아기를 막 출산한 젊은 부부의 이야기였는데, 컴퓨터 게임 속의 아기를 키우는 재미에 빠져 현실 속의 아기를 죽음에 이르게 한 끔찍한 사건이었다. 내용을 읽어주자 몸서리치던 아이들에게 이렇게 말했다.

"엄마가 걱정하는 게 이런 거야. 컴퓨터 게임은 가상의 공간인데 그 가상의 공간에 깊이 빠지게 되면 현실 세계를 망각하게 돼. 사람이 숨을 쉬고 살아가야 할 공간은 지금, 여기, 이 현실인데 현실을 잊게 되니 이 부부와 같은 끔찍한 일이 일어나는 거지. 물론 너희가 이런 사람이 될 거라고 생각하지는 않아. 하지만 많은 언론에서 지나친 컴퓨터 게임의 폐해에 대해 이야기를 하고 있는데, 굳이 우리 스스로 우리에게 해가 되는 행동을 할 필요는 없는 것 같아. 너희들은 어떻게 생각해?"

"응, 엄마 말이 맞는 것 같아. 하지만 하루에 1시간에서 1시간 반 정도는 괜찮지 않을까?"

"물론 그 정도 시간은 엄마도 괜찮다고 생각해. 하지만 너희도 알다시피 너희가 직접 게임을 하는 시간은 그 정도지만 언니나 동생이 게임을 할 때도 옆에서 지켜보고 있는 시간은 어떻게 생각해? 4시간 어쩔 때는 5시간 가까이 컴퓨터 앞에 앉아 있잖아. 알고 있지?"

"……."

"엄마는 너희들이 장시간 컴퓨터 게임 화면을 바라보면서 뇌에 부정적인 영향을 미치는 만큼 긍정적인 효과도 줄 수 있는 무언가를 했으면 좋겠어."

"알겠어, 엄마! 그렇게 할게. 근데 어떤 게 뇌에 좋은 거야?"

"음, 예를 들면 책을 읽는 것?"

"알겠어, 그럼 하루에 책도 한 권씩 읽을게."

그렇게 아이들은 방학이 되면 컴퓨터 게임을 하고 책도 읽었다. 몇 번의 방학을 이렇게 보냈다. 하지만 책 읽기를 즐거워하는 첫째 아이는 아무런 문제가 없었지만 책에 큰 흥미를 보이지 않던 둘째 아이는 고학년이 되자 뇌에 긍정적인 영향을 미치는 것이 책밖에 없냐는 질문을 해왔다. 그래서 긴 이야기 끝에 사고력 수학, 멘사 수학, 멘사 퍼즐 등의 문제집을 풀기로 했다.

스마트폰의 세계에 발을 내딛다

첫째 아이는 초등학교 저학년 때부터 휴대폰을 사달라고 졸라댔다. 매 학기가 시작되면 한동안 휴대폰 좀 사달라고 줄기차게 말했고, 초등학교 6학년 때는 친구들과 함께 '연수에게 휴대폰을!'이라는 서명운동도 했다며 친구들이 사인해 준 종이를 나에게 보여주기도 했다. 결국 초등학교 6학년 여름방학이 끝나갈 무렵에 스마트폰을 사주었는데(그 사이에 스마트폰 세상이 된 것이다) 개인적으로는 취학 전에는 사주지 않는 게 좋다고 생각한다. 하지만 그게 어렵다면, 어쩔 수 없는 이유로 사주게 되었다면 부모가 먼저 좋은 습관을 들일 수 있도록 모범을 보여야 한다고 생각한다.

스마트폰은 양날의 검과 같다. 다 자란 성인도 스마트폰을 잘 활용하지 못하면 스마트폰의 노예가 된다. 하물며 호기심 충만하고 단순하며 아직 자제력이 부족한 어린 아이들은 그 가능성이 더 농후하다. 처음 아이에게 스마트폰을 사줄 때만 해도 조별 과제를 원활히 하기 위해서나 친구 관계를 위하여, 또 직장에 다니는 어머니들의 경우 아이와 자주 연락하기 위해서 등등 다양한 이유가 있겠지만 막상 스마트폰 세상에 발을 디디면 상상할 수도 없는 많은 문제에 직면하게 된다. 내가 아는 한 엄마는 게임머니로 몇십 만 원어치를 소비한 아들 때문에 깜짝 놀라 한바탕 소란이 일어났고, 또 어떤 집은 야동으로 인해 난리가 났다. 그때가 되면 괜히 스마트폰을 사주어서 이런 고민을 하게 되었다고 자책하게 되고, 그것을 바로잡는 데 많은 에너지를 소모하게 된다.

첫째 아이는 초등학교 6학년 여름에, 둘째 아이는 중학교에 입학하면서 스마트폰을 사주었다. 그런데 막내 아이는 초등학교 4학년 겨울에 휴대폰을 사주었고, 이듬해 봄 스마트폰으로 바꿔주었다. 막내도 언니들처럼 6학년이나 중학교에 들어갈 무렵 사주려고 생각했는데, 어느 날 막내가 강력한 항의를 해왔다.

"6학년은 되어야 스마트폰을 사주겠다는 엄마의 생각은 불합리하다고 말하고 싶어. 만약 나에게 언니가 없었다면 수긍할 수 있어. 하지만 나의 경우, 우리 집에서 스마트폰이 없는 사람은 나밖에 없어. 온 가족이 스마트폰을 사용하고 있는 상황에서 혼자만 안 하고 있는 것이 얼마나 참기 힘든 환경인지 엄마가 그 점은 고려하지 않고 언니와 동일하게 취급하는 것은 잘못되었다고 생각해!"

너무나 깔끔한 아이의 논리에 말문이 막힌 나는 우여곡절 끝에 4학년 말 즈음 막내에게 스마트폰을 사주었다. 그리고 한동안 여러 번 후회를 했다.

처음에는 나름 스마트폰 사용 규칙도 잘 지키고 여전히 자신이 해야 할 일들을 알아서 챙겨나갔지만 내가 본격적으로 일을 하기 시작하면서부터 문제가 불거지기 시작했다. 아무도 없는 집에서 혼자만의 시간을 견디기 힘들었던 아이는 조금씩 스마트폰에 노출되어 갔다. 개인적으로 더 가슴 아팠던 순간들이 있는데 나의 경제활동과 더불어 약 3년간 지속되었던 내면 성장의 시간, 쉽지 않았던 첫째 아이의 사춘기가 겹치면서 막내 아이를 챙길 절대적인 시간이 내겐 부족했다. 그때 아이는 손만 뻗으면 만질 수 있는 스마트폰에 많은 시간을 할애했다.

스마트폰, 허용 기준은 엄마의 선택

언젠가 강연을 마치자 한 어머니가 다가와 어렵게 이야기를 꺼낸 적이 있다. 아이가 초등학교 2학년인데 아직 한글을 잘 모른다고 했다. 수업에 집중하지도 못하고, 대화도 잘 이뤄지지 않는다고 했다. 학교에서는 ADHD(주의력결핍 과잉행동장애)를 이야기했고, 엄마가 보기에도 뇌에 문제가 있는 것 같아 병원에 데려갔지만 검사 결과 뇌에는 아무런 이상이 없었다고 한다. 하지만 어머니와 좀 더 이야기를 나눠보니 그 이유가 짐작되었다. 아이가 태어난 이후 엄마에게 고통스러운 일들이 많이 일어나 아이를 전혀 돌보지 못한 채 세월이 흘렀고, 그 시간 동안 아이는 스마트폰을 끼고 살았다는 것이다. 많은 것을 받아들이며 성장해야 할 시기에 적절한 환경을 제공받지 못한 것이다.

교육이나 정신의학 분야의 많은 전문가들은 만 12세 이하의 아이들이 스마트폰에 중독되면 기억력, 집중력, 사고력 등의 뇌 성장 발달에 방해가 되고, 수면장애로 인한 체력 저하, 거북목 증후군뿐만 아니라 우울과 강박이란 불안한 정서가 동반될 확률이 높다고 한다. 또한 현실에 대한 부적응과 자극적인 매체를 통한 폭력성 증가 등 다양한 분야에서 부정적인 영향을 미친다고 한다. 미국 텍사스의 오스틴대학교에서 실험한 연구 결과에 의하면 스마트폰을 단지 옆에 놓아두는 것만으로도 인지능력이 눈에 띄게 떨어진다는 보고도 있다.

이런 이유로 많은 부모들이 아이에게 스마트폰을 늦게 사주고 싶어 하지만 우리의 현실은 또 그렇지가 않다. 초등학교만 들어가도 이미 많은 아이들이 스마트폰을 사용하고 있고, 학교 과제나 준비물 등의 정보들이 반 톡방을 통해 공유되거나 팀별 수행평가를 위해 수시로 의견을 나눠야 하는 등 스마트폰을 사용하지 않을 수 없는 상황이 생기기 때문이다.

나 역시 첫째 아이에게 스마트폰을 처음 사준 후로 1년 동안 크고 작은 마찰을 빚었다. 그때마다 규제도 해보고, 화도 내어 보고, 설득도 해보고, 이야기도 나누어 보니 어느 순간 서로의 욕구지점과 불안 요소들이 보였다. 내 경우, 아이가 스마트폰 사용을 스스로 절제하지 못하고 지금까지 쌓아온 좋은 습관들을 모두 무너뜨리는 것이 아닐까 하는 불안한 마음이 있었고, 아이 역시 친구들이 다 하는 카카오톡이나 SNS를 안 하다가 친구들을 잃는 것은 아닐까 하는 우려를 하고 있었다. 그렇게 서로의 마음 깊은 곳에 숨어 있는 고민과 걱정들을 주고받으며 대화를 나누다 보니 서로가 염려하는 지점을 알게 되고 보다 발전적인 방향을 모색하게 되면서, 나는 아이를 믿고 지켜볼 수 있게 되었고 아이는 스스로 사용 시간을 조절해나가기 시작했다. 그러므로 아이의 스마트폰 사용을 무조건 하지 말라고 강권하기보다는 아이가 왜 스마트폰에 빠져드는지 그 원인을 알고 대처해야 한다.

결국 아이에게 언제, 얼마만큼 스마트폰을 사용하게 할 것인가의 문제는 엄마가 그런 아이를 어느 정도까지 허용할 수 있느냐의 문제로 귀결된다.

컴퓨터 게임이 문제아처럼 사회에 등장했을 때 많은 교육자와 전문가들이 부정적인 목소리를 냈지만 게임은 이제 하나의 거대한 산업이 되어 미래의 유망한 분야가 되었다. 방송에서도 많은 연예인들이 여가 시간에 게임을 하며 쉰다는 얘기를 스스럼없이 고백하기도 한다. 게임에 대한 사회적인 인식에 변화가 생기고 있다는 뜻이다. 스마트폰을 어떻게 생각하는가? 스마트폰을 사용하는 아이를 얼마만큼 지켜볼 수 있는가?

아무리 좋은 것도 내 몸에 맞지 않으면 의미가 없다. 그러니 자신에게 물어보자. 나는 아이의 스마트폰 사용에 어떤 입장을 취할 것인지 말이다.

스마트폰을 활용한 나만의 방법

부모가 아이에게 아무리 좋은 것을 주려고 해도 아이가 받아들일 준비가 되어 있지 않으면 줄 수 없다는 것을 세 아이를 키우며 여러 번 깨달았다. 한 번 스마트폰의 맛을 본 아이들은 내가 주고 싶었던 더 좋은(?) 환경과 도구보다 스마트폰을 더 선호했다. 그런 아이의 마음을 돌리기 위해 다양한 시도들을 해보았지만 아이들이 커갈수록 그 방법들은 별다른 의미가 없었다. 결국 나는 아이의 현주소를 겸허히 인정한 후 거기서부터 시작하기로 했다. 다음은 내가 스마트폰을 활용한 몇 가지 방법들이다.

① **카카오톡으로 전하는 마음**

아이와 이런저런 의견 충돌로 감정이 상했을 때 마주 보고 대화로 푸는 방법도 좋지만 때로는 카카오톡으로 마음을 전하는 것이 더 효과적이었다. "어제 네 마음을 다 받아주지 못한 것이 미안해서 다시 톡을 보낸다. 오늘 하루 종일, 우리에게 일어난 일에 대해 곰곰이 생각해보았어. 네가 많이 속상할 것 같다는 생각이 들더라. 엄마는 엄마의 입장에서 생각해서 네 마음이 너무 섭섭하고 억울했는데, 그건 너도 마찬가지겠더라고. 진짜 미안해. 속상했던 마음들 다 풀고 우리 다시 사랑하며 행복하게 지내자. 늘 사랑하고, 또 한 번 미안하다."

때로는 책을 읽다가 책 속 내용을 아이와 함께 공유하고 싶어 해당 페이지를 찍어서 보내기도 하고, 또 가끔은 감상에 흠뻑 빠져 아이와의 추억을 되새김질하기도 했다. "오늘 갑자기 하윤이가 다섯 살 때 있었던 일이 떠올랐어. 하윤이가 언니들과 대중목욕탕에서 재미있게 놀고 있는데, 어떤 아줌마가 우리 세 자매를 보면서 참 사이좋고 말도 잘한다며 예쁘다고 한 적이 있었잖아. 그때 네가 '딸들이 이렇게 칭찬을 받으니 엄마도 기분이 좋지?' 라며 엄마한테 귓속말을 했잖아. 조그만 아이가 통통한 입술로 눈웃음을 치며 그 이야기를 전해주는데, 정말 깜찍하고 사랑스러웠어. 오늘 이상하게 그때 모습이 계속 떠오르더라. 그런 날 있잖아. 한 번 노래를 흥얼거리면 하루 종일 그 노래가 입에서 흘러나오는 날 말이야. 엄마의 소중하고 예쁜 막내딸, 나중에 집에서 보자!" 그 카톡 메시지 뒤로 사랑을 표현하는 재미난 이모티콘까지 보내면 아이가 참 좋아했다.

② 우리 가족 채팅방

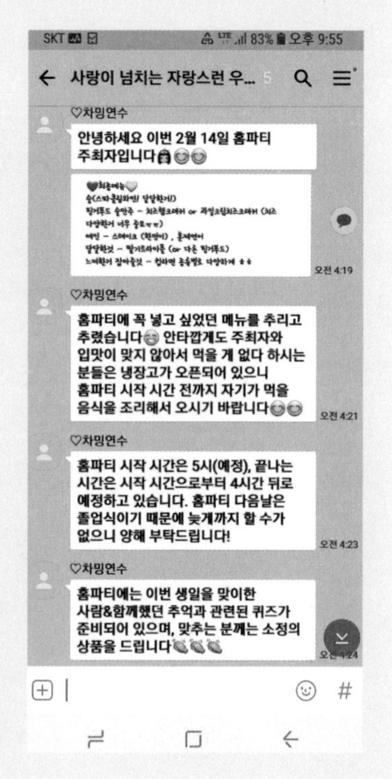

아이들 개개인과 1:1 카톡을 나누기도 하지만 가족 전체가 참여하는 행사 내용은 가족 채팅방에서 주고받았다. 사진의 내용은 첫째 아이가 자신의 스무 살 생일을 맞아서 가족 채팅방에 올린 공지 내용이다.

〈안녕하세요. 2월 14일 홈 파티 주최자입니다. 홈 파티에 꼭 넣고 싶었던 메뉴를 추리고 추렸습니다. 안타깝게도 주최자와 입맛이 맞지 않아서 먹을 게 없다 하시는

분들은 냉장고가 오픈되어 있으니 홈 파티 시작 시간 전까지 자기가 먹을 음식을 조리해서 오시기 바랍니다. (중략) 홈 파티에는 이번 생일을 맞이한 사람 & 함께했던 추억과 관련된 퀴즈가 준비되어 있으며, 맞추는 분께는 소정의 상품을 드립니다.〉

아이들이 자랄수록 서로 얼굴을 마주하고 다함께 뭔가를 할 시간이 부족하다는 생각이 든다. 하지만 이렇게 가족 채팅방을 통해서 한 번씩 서로의 존재를 재확인하고, 즐거운 추억을 쌓다보면 가족이야말로 서로의 가장 든든한 아군임을 깨닫기도 하고 일상의 새로운 활력도 된다.

③ 밤 12시가 지나면 찾아가는 카톡 과외

별다른 선행학습 없이 과학고에 입학한 둘째 아이는 처음 한 학기 동안 자신과 친구들의 학습량을 비교하며 자주 우울해했고 의욕을 잃었다. 수학 교수가 되길 원했기에 수학만큼은 잘하고 싶어 했지만 동기들에 비해 수학 실력이 뛰어나지 않았다. 그래서 수학 실력을 닦기 위해 전력을 기울이려다 보니 더 준비된 것이 없었던 물리, 화학, 생물, 지구과학이라는 과학 영역이 또 신경이 쓰여 한없이 속상해했다.

그때 생각해낸 것이 둘째 아이에게 과학과 관련된 최신 흐름이

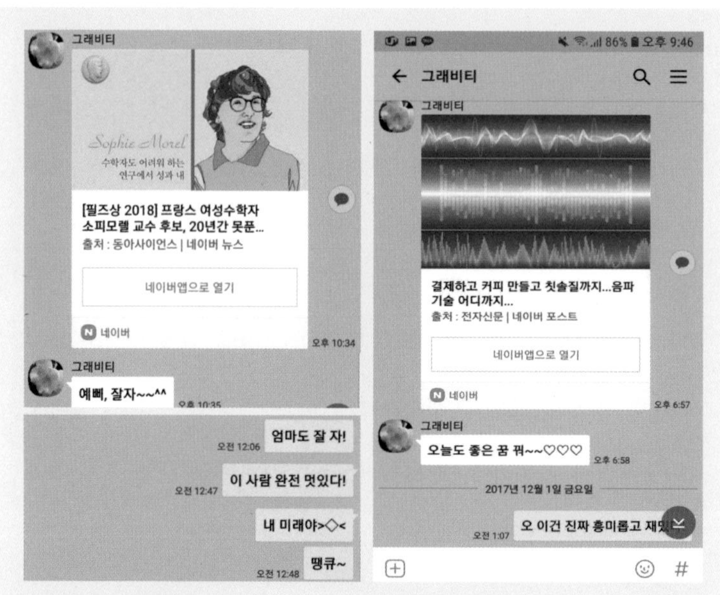

둘째 아이의 휴대폰엔 엄마 이름이 그래비티(중력)로 입력되어 있다

나 정보들을 카톡으로 보내주는 것이었다. 과학 잡지나 여러 인터넷 신문에 올라오는 과학 뉴스, 때로는 수학 관련 이야기들을 톡으로 보내면 면학을 마치고 기숙사로 귀가한 아이가 읽어보고 간단한 피드백을 보낸다. 책도 쓰고, 강의도 하며 육아도 해야 했기에 매일 괜찮은 자료를 찾아주진 못했지만, 둘째 아이가 읽었을 때 흥미로워하고 학습에도 도움 되는 이야기를 찾아서 톡으로 보냈을 때 아이가 뜨거운 반응으로 화답하면 정말 기쁘고 보람되었다.

④ 함께 게임하기

한때 세 아이들이 즐겨했던 게임 중에 '캔디크러쉬' 라는 휴대폰 게임이 있었다. 앱에서 제시하는 '룰' 대로 이리저리 캔디를 배열하면 퐁퐁 터지면서 점수가 올라가는 게임인데, 한 번 게임을 시작하면 옆에서 뭘 하는지 전혀 관심을 주지 않을 만큼 푹 빠져들곤 했다. 그런 모습이 좋게 보이지 않았던 나는 약속한 시간이 지났다고 얘기하기도 하고, 자꾸 시간을 어기면 다음부터는 어떻게 너희들과 약속을 할 수 있겠냐며 감정에 호소한 협박(?)을 하기도 했지만 소용이 없었다. 그런 어느 날 대체 저 게임이 무엇이기에 세 아이 모두 정신을 빼길까 궁금해 내가 직접 게임을 해보기로 했다. 그 결과, 캔디크러쉬는 나의 영혼도 빼앗아갔다.

그 후 생각지도 못했던 재미난 일들이 일어났다. 캔디크러쉬를 매개로 어떻게 하면 다음 단계로 넘어갈 수 있는지 아이들과 이야기를 나누었고, 나에겐 너무 어려운 난이도를 쉽게 뛰어넘는 아이들을 보면서 진심으로 칭찬도 할 수 있었다. 더 흥미로운 일은 게임을 하느라 강연 준비도 미루고, 책 쓰는 것도 미루고 게임을 하는 나를 보면서 아이들이 진심으로 걱정을 하기 시작한 것이다. 그 사건을 계기로 우리는 게임의 폐해와 우리가 해야 할 일에 대한 기준과 순서를 짚어보게 되었다.

⑤ 서프라이즈 기프티콘 쏘기

학교 시험이 끝나거나 아이가 친구들과 함께 영화를 보러 갈 때, 또는 혼자서 미술관이나 공연 관람을 갔을 때 카카오톡으로 짧은 사랑의 메시지를 보낸 후 기프티콘을 선물했다. "시험 치느라 수고했어!" "오늘은 신나게 놀아!" "친구들과 음료수 한 잔씩 해!" "전시 보고 오는 길에 조각케이크랑 음료수 마시며 달콤한 시간을 보내!"라는 말과 함께 편의점 상품권, 카페 상품권 등을 선물했다. 그러면 아이는 생각지도 못했던 깜짝 선물을 받고 완전히 흥분하며 뜨거운 반응을 보여주었다. "우와!!!" "대~박!" "엄마, 짱!" "나도 엄마를 많이 사랑해!"라는 메시지와 함께 그 아래로 감동을 가득 먹은 이모티콘까지 보내며 즐거운 화답을 하곤 했다.

만들고 싶은 현실을 말로 이야기해본다

내 '인생 책' 중 한 권은 사토 도미오Satou Tomio의 《인생은 말하는 대로 된다》이다. 내 마음을 들여다보기로 마음먹고 실천해가던 어느 날, 이 책을 읽고 큰 깨달음을 얻었기 때문이다.

'어떻게 상담자는 내가 내뱉는 말만 듣고 그것을 바탕으로 내 의식 상태와 앞으로 풀어가야 할 과제를 제시할 수 있을까? 어떻게 내가 하는 말만 가지고 나의 모든 것을 알겠다는 듯이 추측할 수가 있을까? 언어란 입에서 나오는 말뿐 아니라 보디랭귀지를 포함한 비언어적인 부분의 비중도 아주 큰데 말이다. 게다가 겨우 1~2분밖에 나의 이야기를 꺼내지 않았는데, 1시간의 상담 시간 동안 다 들려주지 못한 수많은 나의 경험들이 있는데 어떻게 그들은 내가 지금 꺼낸 말만 가지고 나를 판단할까?' 나는 늘 이 부분이 궁금했다.

저자의 말을 빌리자면 "당신을 만든 것은 당신의 생각이고, 생각은 말로 구성되어 있으므로 말에 의해 지금의 당신이 있는 것이다. 사람의 마음가짐은 반드시 늘 사용하는 말(입버릇)로 나타난다"는 것이다. 즉 말이 그 사람의 의식 수준을 드러내는 것이었다.

저자의 말이 가슴으로 단숨에 내려갈 수 있었던 것은 늘 '힘들다'를 입에 달고 살았던 나의 입버릇이 떠올랐기 때문이다.

첫 아이를 낳고 키울 때 참 많이 힘들었다. 혼자서는 아무 것도 하지 못하는 어린 아이가 오직 나만 바라보고 있다는 사실은 때때로 큰 부담이 되었다. 내가 어떻게 하느냐에 따라서 아이의 모든 것이 결정될 것만 같았고, 한시도 아이에게서 눈을 뗄 수가 없었다. 그러다가 연년생으로 둘째 아이를 낳았다. 와! 애 하나는 일도 아니었다. 두 아이가 똑같이 울어대거나 동시에 나를 찾으면 당최 어떤 아이에게 먼저 달려가야 할지 갈피를 잡을 수 없었다. 그러다 보니 먼저 찾아간 아이를 달래는 중에도 내 머리와 귓가엔 다른 아이의 욕구와 보챔이 맴돌아서 정말이지 힘이 들었다.

그런데 셋째 아이를 낳아보니, 와우! 아이 둘은 힘든 것도 아니었다. 아이가 한 명씩 늘어나면서 내가 해야 할 일은 1 곱하기 3이 아니라 3의 세제곱이 되어버렸다. 아이가 둘이라면 양손에 한 명씩이라도 붙잡을 수 있는데, 이건 뭐 변수가 너무 많았다. 그래서 내 삶은 더 힘들어졌다.

그러다가 급성 허리디스크 파열로 걷지도 움직이지도 눕지도 서지도 못한 채 어마어마한 통증을 견디게 되었는데, 으아! 몸이 아프다는 것은 정신없이 세 아이를 키우는 일보다 훨씬 더 힘든 일임을 새삼 알게 되었다. 그 당시 고만고만한 세 명의 어린 아이들을 떠올릴 때마다 정말 온갖 생각이 다 들었다. 남편에게 만약 내가 죽는다면 꼭 이 아이들을 잘 부탁한다는 말을 여러 차례 반복했을 만큼 그때의 나는 고통스런 시간을 보냈다.

그러던 어느 날, 남편의 사업이 실패로 끝나고 말았다. 두 번째 사업 실패를 받아들이고 난 후 또 정말 힘든 시간을 보내야 했다. 몸이 아플지라도 돈이 있으면 병원에 갈 수 있지만 돈이 없는 삶은 사람을 정말 비참하게 만들었다. 그렇게 내 삶은 계속 힘들어져 갔다. 힘들다는 말을 입에 달고 살았더니 힘든 일들이 끊임없이 이어졌고, 이전보다 더 센 강도의 힘겨움들이 쉬지 않고 내게 몰아쳤다. 그 사실을 깨닫는 순간 말(입버릇)의 중요성을 뼈저리게 느끼게 되었고, 내가 입에 담는 말이 현실로 창조되며, 말은 사람의 의식 수준을 반영한다는 것을 확신하게 되었다.

아이 때문에 못 살겠다는 말은 아이 때문에 힘든 현실을 만들어낸다. 남편이 원수라고 말하면 원수 같은 남편 때문에 남편이 볼 때마다 미워지는 현실을 창조해낸다. 돈이 없다는 말은 돈이 없는 현실을 잉태해낸다.

당신은 어떤 현실을 만들고 싶은가? 당신이 이루고자 하는 그 이상을 현실에 녹여내보자. 매일매일 출근해서 월급을 받아오는 남편에게 감사하고, 공부에 흥미는 없지만 꼬박꼬박 학교에 가는 아이에게 감사하고, 나와 우리 가족이 쉴 수 있는 공간이 있음에 감사하며 그렇게 감사한 하루하루를 살아가보자. 그러다 보면 감사가 넘치고 감사할 일이 많은 삶, 내가 그토록 바라는 삶이 내 앞에 펼쳐지게 될 것이다.

또한 오늘 하루 내가 잘못한 일이 있더라도 나를 비난하기보다는 내가 잘한 일을 떠올리며 칭찬해주자. 오늘 하루도 열심히, 매우까지는 아니더라도 열심히, 때론 그저 살아낸 나에게 정말 수고했다고 토닥토닥 격려해주자. 애썼다고, 사랑한다고 말이다.

엄마 공부 3

당신의 오늘을 칭찬해주세요

"오늘 당신은 어떤 하루를 보냈나요? 곰곰이 생각해보면 만족스럽지 못한 일들뿐만 아니라 꽤 만족스러운 순간들도 있었을 거예요. 뛰어나게 잘하지는 못했더라도 꾸준히 해낸 일들이 있을 거예요. 나는 오늘 목표한 만큼 진도를 나가진 못했지만 책을 위한 원고를 쓰고 있고, 소중한 아이를 한 번 안아주었으며, 텅빈 냉장고를 채우려고 마트에도 다녀왔습니다. 별일 아닐지 몰라도 그 일을 하지 않았다면 나의 꿈과 일상에 조금씩 균열이 생겼을 일을 해낸 거지요. 그러니 오늘 나는 참 멋진 일을 했습니다. 당신은 오늘 어떤 일을 했나요? 당신이 해낸 일을 열 손가락만큼 꼽아보세요. 그리고 하나하나 꼽으면서 그 일을 한 나 자신을 마구마구 칭찬해주세요. 당신은 오늘 멋진 삶이라는 목걸이에 하나의 일상을 꿰었으니까요."

4

네 번째 씨앗

사람과 사람 사이에 잘 스며드는 관계

사회생활의 기초는 부모와의 관계다

아이가 학교에 다녀와
우는 날에는 엄마로서 가슴이 미어졌다.
엄마의 낮은 자존감 때문에
더 크게 아팠던 것은 아닐까…
나는 아이가 아파하는 순간에도
남의 아이를 먼저 생각했다.
아이의 자존감을 키우기 위해선
엄마의 자존감부터 키워야 한다.

모든 아이는 우리 모두의 아이다

최근 몇 년간 우리를 충격에 빠뜨린 사건 사고 중에서 하나를 손에 꼽자면 십대 청소년들의 폭행 문제가 아닐까 싶다. 부산 여중생 폭행사건을 시작으로 강릉, 아산, 천안, 서울 등 전국 각지에서 발생한 사건들이 하나둘씩 드러날 때마다 아이를 키우는 대다수의 부모들은 경악을 금치 못했다. '어떻게 십대 아이들이 저런 일을 저지를 수 있지?' '어떻게 저런 사소하고 어이없는 일로 그런 행동을 할 수 있을까?' 하루가 멀다 하고 들려오는 흉흉한 소식들은 '소년법 폐지' 논쟁까지 불러올 만큼 우리 사회는 큰 충격을 받았다. 그러던 중에 인터넷상에는 '내 아이가 왕따를 당할 때 대처방법'이라는 글이 올라와 많은 학부모들의 공감을 얻었다.

맞을 때마다 반드시 신고해야 한다.

두 번째부터는 보복폭행으로 무조건 재판에 넘긴다.

경찰이 오면 "저 녀석이 나를 폭행했으므로 폭행죄로 고발하겠다. 지금 경찰서로 가서 고소장을 접수하겠다. 저 녀석은 현행범이니 같이 연행해달라"라고 말한다.

경찰이 그냥 넘어가려고 하면 직무유기로 경찰을 고발하겠다고 으름

장을 놓으면 된다. (중략)

이 범상치 않은 글의 끝은 이렇게 마무리가 된다.

"애들이 크면서 그럴 수도 있지 하는 순간에 이미 당신의 아이는 세상에 존재하지 않을 수 있습니다."

상담센터에서 근무하는 지인의 말에 의하면 자살, 자해 청소년들이 폭발적으로 늘어나 각 센터마다 비상이 걸렸다고 하니 이 글의 마무리가 단순한 경고나 허언이 아님이 증명된 셈이다. 참 가슴 아픈 일이다.

이 글 아래에 많은 댓글이 달렸는데 이런 고민을 해야 하는 현실이 슬프고, 무섭고, 우리 학창 시절엔 이 정도까지는 아니었는데 '어쩌다가 이렇게 되었을까'라는 한탄들이 줄을 이었다. 그리고 이런 일이 나와 내 아이에게는 일어나지 않기를 바라는 마음도 엿볼 수 있었다. 그런 댓글 가운데 유독 내 눈에 띄는 글이 하나 있었다.

"저런 폭행은 신고라도 할 수 있지만 은근히 따돌리거나 왕따를 시키는 건 어떻게 해야 하나요?"

세 아이의 학교생활을 통해서 아이들 사이의 왕따와 은따 문제가 얼마나 심각하고 집요한지 알고 있는 나는 댓글에 담긴 의미가 가볍게 다가오지 않았다. 나 역시 아이를 키우면서 아이들의 친구 문제로 여러 번 가슴이 아팠기 때문이다.

시기와 질투가 만들어내는 따돌림 현상

첫째 아이가 친구 관계를 힘들어한 것은 초등학교 5학년 때 이사로 인해 전학을 하면서부터였다. 동생들 말에 의하면 전학 첫날부터 친구를 사귄 언니가 친구들과 팔짱을 낀 채 밝은 모습으로 복도를 지나가더란다. 그 모습을 보며 '어쩜 저렇게 친구를 빨리 사귈 수 있지?'라며 언니가 부러웠다고 학교에 다녀와서 말해줄 정도였다.

그런 첫째 아이가 중간고사 이후부터 친구 문제로 힘들어하기 시작했다. 전학을 온 뒤 처음 친 중간고사에서 '올백'을 받은 것이 문제의 시발점이었다. 학교에서 유일하게 올백을 받은 아이가 있는데 그 아이가 전학생이란 소문이 돌았던 것이다. 요즘처럼 한 반의 인원수가 적고, 전체 학급수도 적은 상황에서 그 일은 소위 잘 나가던 어떤 아이와 왕성하게 학부모회 활동을 해온 그 아이 엄마의 심기를 불편하게 했던가 보다. 다양한 방면에서 두각을 나타내던 첫째 아이는 그들(그 아이와 엄마뿐 아니라 그들과 함께 다니는 몇몇 무리들)의 입장에서 눈엣가시가 되었고, 결국은 은근하고 교묘한 방법으로 괴롭힘을 당했다.

첫째 아이를 힘들게 했던 아이는 이미 학교에서 주목을 받고 있던 아이라 학교 선생님이나 선배들의 평판이 좋았다. 그 아이는 잘 보여야 하는 사람들 앞에서는 성실하고, 착하며, 공부 잘하는 모범생 역할을 유지하면서 슬쩍슬쩍 첫째 아이가 선배들 욕을 했다거나 선생님이 시킨 일을 자기에게 미루었다며 거짓말을 하기 시작했다. 그리고 첫째 아이 앞에서는 듣기 힘든 욕설을 퍼부었다고 한다.

"굴러 들어온 주제에 어디서 까불고 ××이야?"

"다시 꺼져! 서울에서 온 ×이 웬 사투리야!"

"이 씨××"으로 시작되는 욕을 매일 내뱉었다고 한다.

학교에서 돌아온 아이는 아예 집 밖으로 나가지 않았다. 동네를 지나가다가 그 아이와 엄마를 만날까 봐 극도로 조심했고, 그 스트레스를 풀기 위해 엄청나게 먹으면서 살이 쪘다. 그리고 살찐 자신의 모습을 보면서 또 슬퍼했다. 악순환의 연속이었고, 정말 힘든 시간을 보냈다. 그런데 더 어이없던 것은 내가 이 사실을 잘 몰랐다는 것이다.

엄마의 낮은 자존감이 아이의 학교생활에 미치는 영향

무엇 때문에 그렇게 아팠는지 구체적으로 얘기해주었다면 당장이라도 학교로 달려갔을 텐데, 아이는 그냥 친구 관계가 조금 힘들다고만 했다. 지금까지 아이를 키우는 동안 늘 아이의 생각을 존중해왔기에 말하고 싶지 않은 건가 싶어서 더는 묻지 않았다. '요즘 아이들은 빨리 사춘기가 온다더니 이제 비밀이 많아졌나 보다'라고만 생각했다.

물론 담임선생님을 찾아가 상담을 하지 않은 것은 아니었다. 학부모 상담 기간 때는 놓치지 않고 찾아가 이런 저런 이야기를 하다가 사실 연수가 친구 문제로 힘들어한다는 이야기를 몇 번 꺼내었다. 그런데 선생님은 내 이야기를 전혀 믿지 못하는 눈치였다. 공부를 잘하면서도 착해서 연수가 얼마나 인기가 많은데 그러냐며 오히려 나에게 되물을 정도였다.

길게 이야기를 하다 보면 "아, 어떤 공부 잘하는 아이가 있는데 뛰어난 연수를 스스로 비교하면서 질투를 하는 것 같아요. 근데 그 아이 입장에서 보면 속상할 만도 하잖아요. 그 아이 말고는 연수와 다 잘 지내니 걱정하지 마세요"라는 말을 들을 뿐이었다.

그러는 사이에 아이는 한 번씩 통곡을 했고, 학교에 가기 싫다는 말과 친구 관계가 어려워 어쩔 줄 모르겠다는 말을 반복했다. 어떻게 괴롭힘을 당했는지 자세히 몰랐기에 내가 해주었던 조언들은 전혀 먹히지 않았고, 엄마의 방법들은 관계를 더 악화시킨다며 아이는 또다시 울기 시작했다.

아이가 우는 날에는 엄마로서 가슴이 미어져 그때마다 최선을 다해 위로하고 달래주었다. 하지만 지나고 보니 어쩌면 아이는 엄마의 낮은 자존감 때문에 더 크게 아팠던 것이 아닐까 하는 생각이 든다. 왜냐하면 몇 년이 지나 고등학생이 된 연수에게 "연수야, 지금까지 엄마와 살면서 언제가 가장 섭섭했어?"라고 물었던 적이 있다.

그때 아이가 말하기를 "초등학교 5학년 때 친구 관계로 힘들어했을 때가 가장 섭섭했어"라고 했다. 그때 내가 했던 말이 "연수야. 네가 잘못한 일은 없어? 혹시나 잘난 체를 했니? 발표를 너무 많이 했어? 혹시 그 아이의 말이 틀렸다고 얘기했니?"라면서 계속 네가 이렇게 해보면 어때? 저렇게 해보면 어때? 하고 조언을 했다고 한다.

"엄마. 나는 그때 엄마의 말을 들으면서 '아, 내가 혹시 잘못했나? 내가 그 아이들 마음에 들게 행동했어야 했나? 내 태도와 행동을 바꾸어야 하는구나' 하는 생각을 했어. 난 잘못한 게 없었는데도 말이야. 그때 내가 듣고 싶었던 말은 '네가 옳아. 비록 그 아이들이 너를 따돌리고 친구가 되지 않더라도 네가 잘못한 부분은 없어. 그건 네 탓이 아니야. 그러니까 너무 고민하지 마. 너는 그냥 네 모습 그대로면 돼'라고 말해주길 바랐어."

아이의 말을 듣고 뒤돌아서서 얼마나 울었는지 모른다. 상대 아이를 탓하기 전에 내 아이가 혹여나 저질렀을지도 모를 실수를 먼저 점검하고자 했던 내 행동이 결국은 소중한 내 아이를 스스로 의심하게 했으리라곤 그때는 차마 알지 못했다.

늘 나 자신보다 타인을 먼저 생각했고, 나의 욕구보다 다른 사람들의 입장과 마음을 먼저 헤아리기에 급급했던 나는 아이가 아파하는 순간에도 내 아이보다 남의 아이를 먼저 생각했다. 그러려고 했던 것은 아니었지만 나의 오랜 사고방식과 습관은 나도 모르게 문제의 방향을 내 아이에게 먼저 겨누었다. 질책의 방향을 늘 나에게 돌렸듯이 말이다. 그리고 그때서야 아이의 자존감을 키우기 위해선 엄마의 자존감부터 키워야 한다는 말의 의미가 온전히 이해되었다.

쉽게 아물지 않는 상처

첫째 아이의 힘든 상황은 다행히 5학년 2학기를 넘어서면서 잦아들었다. 연수를 힘들게 했던 그 아이의 실체를 친구들은 이미 알고 있었지만 그 아이가 학교에서 가지고 있던 권력(?)에 감히 대적하지 못하다가 한두 명씩 소리를 내기 시작한 것이다. 나중에는 그 아이를 편애하던 선생님마저 "친구들이 너를 이렇게 싫어할 때는 너에게 문제가 있다는 생각을 해야 되지 않겠니?"라는 말로 더 이상 그 아이의 손을 들어주지 않았다. 그렇게 연수는 점점 웃는 횟수가 늘어났고 전학 온 학교에 잘 적응하며 많은 선생님과 친구들의 사랑을 받게 되었다. 나는 이렇게 모든 것이 해결된 줄 알았다.

그런데 고등학교에 진학한 아이가 또다시 친구 문제로 힘들어했다. 학교에 입학한 지 일주일 만에 발목을 다쳐 깁스를 하고 병원과 집, 학교를 오가다 보니 기숙사 생활에 적응하는 대신 혼자서 무리를 벗어나 얼마간 생활을 하게 된 것이다. 학교에서도 깁스를 한 상태라 절룩거리며 다니다 보니 이동수업도, 급식실로 가는 것도 친구들의 속도를 따라잡지 못했고, 더 슬펐던 건 아무도 연수를 기다려주지 않아 아이는 또 힘들어했다. 혼자 외롭게 감내했던 시간들에 대한 트라우마가 그렇게 다시 아이를 찾아와 힘들게 한 것이다. 그 몇 주간 주말에 집으로 돌아올 때마다 첫째 아이와 참 많은 이야기를 나누었다. 그리고 다시 한번 내 아이에 대해 내가 얼마나 모르고 있었는지를 깨달았다.

초등학교 6학년 때 아이는 다행히도 마음이 잘 맞는 친구 한 명을 사귀게 되었다. 집요하게 괴롭히던 그 아이와도 반이 갈리면서 스트레스에서 완전히 벗어난 듯 보였다. 그런데 얼마 뒤 다시 친구 문제로 힘들어하는 것이었다. 이유를 알지 못했던 나는 아이가 가끔씩 전해주는 말로 5학년 때 연수를 괴롭혔던 아이를 전교회의에서나 복도, 방송반, 영재학급에서 계속 마주친다기에 그때의 상처가 순간 순간 되살아나는 모양이라고만 생각했다. 당시에는 6학년 때의 힘듦이 5학년 때의 그 일과는 다른 일 때문이라고는 상상하지 못했다. 고등학교 1학년이 된 아이의 입을 통해 나머지 이야기를 들은 후에야 어떤 일들이 있었는지 알게 되었다. 한 번 받았던 상처는 다양한 형태로 변주되며 계속 아이를 따라다니고 있었던 것이다.

친구 사이의 우정과 방관자의 죄책감

6학년이 되어 새롭게 사귄 친구는 첫째 아이와 마음이 잘 맞았다. 수업이 끝나면 함께 하교하면서 집 근처 벤치에 앉아 한참 동안 이야기를 나눈 뒤 헤어졌다. 그렇게 매일 단짝처럼 붙어 지내던 어느 날이었다. 한 무리의 아이들이 연수에게 점심시간에 밥을 같이 먹자고 말을 걸어왔단다. 마음이 맞는 친구도 좋지만 이왕이면 여러 친구들을 사귀고 싶었던 연수는 흔쾌히 그러자며 그 아이들과 밥을 먹었다.

그런데 그날 함께 밥을 먹던 친구들이 연수와 친하게 지내던 아이를 가리키며 "쟤 진짜 이상해. 네가 아직 몰라서 그렇지, 예전부터 우리 학교에서 따돌림을 받던 아이야. 괜히 너까지 따돌림 당하지 않으려면 이제 쟤랑 놀지마"라고 했다는 것이다.

그날 연수는 엄청난 충격을 받았다. 전학을 왔고 새 학년이 되어 전교생을 잘 몰랐기에 혹여나 그 아이에게 자신이 모르는 뭔가가 있는 건가 싶었단다. 소문이 나쁜 아이와 계속 놀다가 졸업 때까지 반강제적으로 그 아이하고만 지내야 할까 봐 또다시 겁을 먹었던 것이다.

그날부터 연수는 새 그룹의 아이들과 지내게 되었다. 아이들이 그 친구를 욕할 때마다 가슴이 아팠지만 묵묵히 그 얘기를 들을 수밖에 없었고, 결국 그 아이는 졸업 때까지 혼자 지내게 되었다고 한다. 그 일은 연수에게 또 다른 괴로움을 안겨주었다.

한때 친하게 마음을 열고 지내던 아이를 지켜주지 못한 죄책감, 배신을 한 것 같은 자괴감 때문에 심장이 떨어져 나갈 만큼 미안함을 느끼면서도 자신 또한 따돌려질까 봐 그 친구에게 다가가지 못하고 1년을 마무리했던 거였다. 뿐만 아니라 새 그룹의 아이들 사이에 끼어 있는 동안에도 전혀 즐겁지 않았단다. 그곳에서도 언제 튕

겨질지 몰라 그 아이들이 좋아하는 이야기들을 자신도 좋아하는 척 하며 아이는 조금씩 자신의 모습을 잃어갔고 자존감도 낮아져 갔던 것이다.

그토록 자신을 사랑하던 아이가, 영민한 아이가, 많은 사랑을 받고 자란 아이가 왜 그렇게 어이없는 선택을 했는지 처음에는 이해할 수 없었다. 하지만 예전에 읽은 어느 책에서 여자 영재 아이들의 일반적인 특성이 생각났다. 사춘기를 지나면서 무리 속에 속하기 위해 자신의 능력을 감추고 일부러 평범해지려고 애를 쓰다가 결국은 평범해지고 만다는 이야기였다.

또한 연수의 어린 시절에 내가 타임아웃을 외치며 5분간 옆방으로 가버리면 "엄마, 나는 그 5분이 영원처럼 느껴져. 세상에 나 혼자 버려진 것처럼 다시는 엄마가 날 찾지 않을 것만 같은 공포심이 생겨"라고 말하던 아이의 슬픈 얼굴이 떠올랐다.

뿐만 아니라 낮은 자존감을 가지고 있던 엄마와 함께 지내는 시간이 길어지면서 자연스럽게 엄마의 무의식적 감정을 대물림한 것이 아닐까 싶은 생각도 들었다. 혼란스러웠고 그저 가슴이 아플 뿐이었다.

왕따 문제가 사회적으로 이슈가 되면서 학기 초마다 아이들에게 이와 관련된 교육을 한다고 알고 있다. 반에서 불미스러운 일이 발생하면 언제든지 선생님께 알려야 하는데, 의외로 반에서 일어나는 일을 모르는 선생님들이 많다. 또한 둘째 아이와 셋째 아이의 말에 의하면 선생님께 이야기를 하는 것이 애매할 때가 많다고 한다.

어떤 선생님은 친구들의 잘못을 일일이 들추는 건 '고자질'이라며 절대 자기에게 고자질하러 오지 말라고 얘기하는 경우도 있단다. 가해자와도 친하게 지내고 피해자하고도 친구로 지낼 경우, 가해자의 행위를 선생님께 이르면 친구를 고자질하는 것처럼 느껴져서 고민이 된단다. 결국 이러지도 저러지도 못하며 서 있는데 이번에는 방관자도 가해자라는 말로 또다시 죄인이 되어버린다고 했다. 도대체 뭘 어떻게 하라는 건지 쉽게 판단할 수 없는 경우가 너무 많았단다.

가끔씩 그런 생각이 든다. 고자질을 하지 말라는 선생님이나 방관자도 가해자라고 표현하는 사회나 모두 문제를 해결하려는 의지보다 결국은 자라나는 아이들에게 죄책감만 심어주고 있는 것은 아닐까? 어쩌면 그것은 이미 죄인으로 커버린 기성세대의 상처를 자신도 모르는 사이에 다음 세대에게 물려주고 있는 것은 아닐까 하는 생각이 들었다.

착해서 더 힘든 친구 관계

둘째 아이가 초등학교 고학년 때 있었던 일이다. 한 친구가 계속 칭찬의 말을 건네며 곁으로 다가온 모양이다. 뭐 그런가 보다 하고 같이 밥도 먹고, 집으로 오는 방향도 비슷해서 같이 다녔는데 어느 날 이 아이가 비밀이 있다며 학교 옥상으로 같이 가자고 했단다. 아무 생각 없이 따라간 둘째 아이에게 친구는 충격적인 이야기를 들려주었다.

자신이 학교에서 오래 전부터 왕따를 당해왔고 부모님도 이혼을 하려고 하는데 이 상황에서 너마저 나와 친구가 되어 주지 않으면 자살을 하겠다고 한 것이다. 너무 무서웠지만 누구에게도 말하지 말아달라는 친구와의 약속 때문에 둘째 아이는 비밀을 지키기 위해서 혼자 가슴앓이를 하다가 결국은 그 무게에 짓눌려 서럽게 통곡을 한 날, 나에게 그 비밀을 들키고 말았다.

막내 아이 역시 친구 문제로 힘들었던 적이 있다. 막내 아이를 가운데 두고 두 아이가 서로 더 친하게 지내려고 신경전을 펼쳤다고 한다. 막내가 A와 단둘이 밥을 먹으면 나중에 B가 찾아와서 왜 그 아이와 밥을 먹었느냐고 삐치고, B와 쉬는 시간을 함께 보내면 A가 따로 와서 볼멘소리를 한 모양이다. 그러지 말고 모두 사이좋게 지내자고 이야기를 해도 둘 다 막내의 의견에 반대하면서 아이를 힘들게 했다.

그런 상황이 힘들었던 막내는 결국 두 아이 모두를 떠나 새로운 그룹의 아이들에게 갔다. 그런데 반에서 은따(은근한 따돌림)였던 A는 막내 아이가 너무 간절했고, 다시 함께 놀자며 여러 번 매달렸다고 한다. 하지만 예전의 상황이 너무 고단했던 아이는 끝까지 그 마음을 받아주지 않았는데 그게 두고두고 미안했다고 한다. 다시 그 시절로 돌아가도 자신의 선택을 후회하지 않지만 그때 A가 받았을 상처가 마음 아파서 어쩔 줄 모르겠다고 했다. 그러면서 말하기를 사람들은 참 이기적이라고. 모두가 자신을 위해서 하는 행동이겠지만 그로인해 상대에게 상처를 준다면 그건 잘못된 행위가 아니냐며 결국 자신 또한 이기적인 사람이라며 무척 힘들어했다.

막내 아이의 말처럼 왜 모두 사이좋게 지내지 않는지, 알고 보면 모두 좋은 아이들인데 왜 이런 일들이 일어나는 건지 이해할 수 없는 순간들이 참 많았다.

선량한 사람들의 이기주의

총상을 입고 귀순한 북한 병사를 죽음의 문턱에서 살려낸 것으로 유명한 의사가 있다. 바로 아주대학교병원 외상외과 이국종 교수다. 그가 《세상을 바꾸는 시간, 15분》에서 했던 말이 많은 사람들의 마음을 울렸다.

"우리나라는 좋은 정책을 만들려고 해도 그것이 말단 노동자에까지 이어지지 않는다. 정책 과정을 방해하는 것은 무수한 로비 단체뿐 아니라 우리와 같은 일반인들이다. 구조 헬기가 산에 착륙하는데, 옆에서 김밥을 먹던 사람의 밥에 모래가 떨어졌다고 민원이 들어온다. 영국, 미국, 일본 등의 나라는 구조 헬기가 주택가에 내려 앉아 사람을 구한다. 하지만 우리나라는 소음 때문에 시끄럽다고 헬기장 이전을 촉구한다."

오랫동안 생각해보았다. 왜 우리 아이들이 친구들을 따돌리고, 무리를 짓고, 무리에 끼지 못한 아이를 괴롭히는지 말이다. 친구가 마음에 들지 않으면 함께 놀지 않으면 될 일이지 왜 가까운 친구들까지 끌어들여 걔랑 놀지 말라고 조종하고 통제를 하는 걸까? 언제부터 우리 아이들이 아이다운 순수함을 잃어버렸을까?

그 질문들 뒤에 나 역시 이국종 교수와 비슷한 결론을 내린 적이 있다. 언뜻 보면 선량하고 평범한 듯하지만 자기만 생각하는 부모들의 이기주의의 대물림 때문일 수도 있겠다고 말이다.

언제부터인가 그런 말이 돌았다. 요즘 초등학생들은 친구들끼리

"너희 집 몇 평이야? 몇 동에 살아? 자동차 종류는 뭐야? 아빠 직업은?"이라고 물어본단다. 마치 사람 사이에 다른 급이 존재하는 양 자신의 기준에 미치지 못하면 무시하고 깔보아도 되는 양 행동하는 것이다. 도대체 아이들은 이걸 어디서 배운 것일까? 당연한 일이겠지만 그 부모로부터 배운다. 아이에게 친구가 생겼다고 하면 "공부는 잘해? 어디 살아? 아빠는 뭐하신대?"라고 묻는 부모의 뒷모습을 보고 배운 것이다. "그 친구는 어떤 성격이야? 무얼 좋아해? 너와 대화가 잘 통하니? 그 친구의 어떤 점이 좋니?"라는 궁금증은 아예 염두에 두지 않는 부모로부터 보고 배운다. 심한 경우 "그런 아이들과는 놀지 마라. 누구네 아빠는 의사라고 하더라. 친하게 지내렴"이라고 말하는 부모의 몸짓과 표정을 보고 학습한다. 이게 과연 부모가 아이에게 할 말일까?

초등학교 5학년 때 첫째 아이를 힘들게 했던 아이의 엄마는 성적을 매우 중요하게 여기는 사람이었다. 늦둥이 둘째를 낳기 전까지 그 아이에게 온갖 정성을 기울이며 키웠던 평범한 엄마였다. 하지만 무엇보다 아이의 성적이 중요했던 그 엄마는 전학 온 연수가 자신의 아이가 차지했던 자리를 빼앗았다는 시기와 질투, 분노 때문에 연수뿐 아니라 자신의 아이도 닦달했다.

"연수를 이겨야 한다. 연수보다 잘해라. 연수는 공부를 어떻게 하는지 물어봤는데 신문을 읽는다고 하더라."

막내 아이가 다니던 영재원에서 만난 한 엄마의 이야기가 생각난다. 어느 날 아침, 커피숍에서 만나자는 학부모들의 전화를 받고 참석을 했는데 아이가 공부를 잘하는 이유를 말해보라며 거의 취조에 가까운 질문을 받았다고 한다. 상대에 대한 예의도 없이 함부로 말을 건네는 사람이, 아무도 없는 집에서 자기 아이들을 얼마나 잡을지는 보지 않아도 알 수 있다. 그러니 초등학생만 되어도 시험이 끝나고 나면 하늘이 무너진 듯 슬퍼하는 아이들이 있는 것이다. 100점을 못 받아서 집에 가면 엄마아빠한테 죽는다고 하면서 말이다. 이게 과연 진정으로 아이를 위하는 행동인지 부모 자신이 채우지 못한 욕구를 아이를 통해 해소하려는 마음인지 이제는 스스로를 들여다보아야 한다.

아이의 에너지는 엄마에게서 나온다. 아이가 아프면 부모의 에너지가 오염된 것이다. 지금 당장은 이런 행동들이 나에게 별다른 손해가 없는 것처럼 보일지도 모른다. 하지만 결국은 모든 친구로부터 역으로 왕따를 당해 혼자가 된 첫째 아이의 초등학교 5학년 때 친구처럼 반드시 후회하게 될 날이 올 거라 믿는다. 타인의 가슴을 아프게 하고 웃을 수 있는 유효기간은 생각보다 짧기 때문이다.

내 아이가 왕따를 당했을 때

막내 아이가 친구 관계에서 죄책감을 가지고 힘들어할 당시 내가 아이에게 들려준 말이 있다.

"그 아이에게 미안해하는 네 마음이 어떤 건지 엄마도 알 것 같아. 정말 가슴이 아플 거야. 그런데 말이야, 그렇게 너에게 매달리면서 너의 입장은 고려해주지 않는 친구의 상황을 네가 헤아려주기만 한다면 너의 그 마음은 누가 생각해주지? 네가 그 친구와의 관계가 즐겁고 기쁜 것이 아니라 부담스럽기만 하다면 너의 불편한 감정은 누가 배려해주지? 함께 즐겁게 지내자고 제안했는데도 거절을 해서 상황을 더 어렵게 만든 것은 그 아이인데, 그래서 더 속상했던 너의 마음은 누가 헤아려주지? 하윤아, 네가 너를 챙기는 것은 당연한 일이야. 그건 이기적인 것이 아니라 너 자신을 존중하는 거야. 그러니 친구에게 지나친 죄책감을 가질 필요는 없어. 그 어떤 경우에도 가장 소중한 존재는 너 자신이어야 해."

학교 폭력으로 연일 인터넷상이 뜨겁게 달구어지고 있을 때였다. 자주 연락은 못했지만 참 곱고, 영민하고, 선한 마음으로 바르게 자라던 지인의 아이가 자신보다 타인을 더 배려하다가 자살로 생을 마감한 일이 있었다. 그 사건을 지켜보며 내 아이는 내가 지켜야 하는 현실이 정말 가슴 아팠지만 이것이 엄연한 사회의 현실이라면 이상은 높게 가지되 현실을 외면해서는 안 될 것 같다. 그런 의미로 육아 전문가 오은영 박사의 조언을 여기에 옮겨본다. 누구에게도 이런 일이 일어나지 않기를 바라면서.

● 아이가 왕따를 당했을 때 – 오은영 박사

왕따 문제로 자문을 구하면 나는 부모가 적극적으로 나서는 것이 가장 좋다고 생각한다. 부모가 가해자 아이를 만나 직접 담판을 짓는 것이다. 왕따는 짓궂은 장난이 아니라 피해 아이에게는 크나큰 정신적 상처를 남기는 문제 행동이기 때문이다.

아이를 괴롭히는 주동자 아이를 조용히 알아내 학교 교문 앞에서 기다렸다가 만난다. "네가 철호니? 내가 누군지 아니?" 하면 아마도 아이가 당황해서 "몰라요" 그럴 거다. 그러면 소리를 지르거나 위협적으로 말하지 말고 단호하고 침착하게 "나는 민수 부모야. 내가 너를 찾아온 이유는 네가 민수에게 어떤 행동을 하는지 알고 있어서야. 넌 왜 그런 행동을 했니?"라고 묻는다. 아이는 "그냥"이라고 말할 수도 있고 아니라고 잡아 뗄 수도 있다. 이 아이에게 우리 아이하고 잘 지내라고 말해서는 안 된다. 그렇게 해서는 문제가 해결되지 않는다.

"내가 이 사실을 알고 있었지만 지금까지 기다린 것은 네가 지금 어리고 반성할 시간을 주려고 했던 거야. 이제는 더 기다릴 수 없어. 이게 마지막 기회야. 다시 한번 그런 일을 하면 네게 똑같이 해줄 거야. 똑같이 해주겠다는 게 우리 아이한테 한 것처럼 쫓아다니면서 때린다는 것이 아니라 너도 그만큼 힘들어할 각오를 해야 한다는 의미야. 학교를 못 다니는 것은 말할 것도 없고 경찰에서 조사도 할 거야. 학교폭력으로 신고할 테니 각오하고 있어. 오늘 한 말이 기분 나쁘면 너의 부모한테 가서 이야기해. 우리 집 알려줄 테니까."

그리고 마지막으로 "앞으로 우리 아이하고 친하게 지내지 마. 네가 좋은 마음으로 우리 아이 옆에 와도 이 시간 이후로 무조건 괴롭히는 거로 간주할 테니까"라는 말도 꼭 해줘야 한다. 왕따를 시키거나 괴롭힘을 주도하는 아이들이 가장 잘하는 말이 "친하게 지내려고 장난한 거예요"이기 때문이다.

선생님으로부터 받는 차별

아이를 학교에 보내고 나면 친구 문제만큼이나 선생님과의 관계 때문에 골머리를 앓는 엄마들이 많다. 초등학교 시절을 거쳐, 중고등학교까지 12년이란 시간 동안 아이를 학교에 보내다 보면 한 번쯤은 선생님 문제로 속상한 경험을 하기도 한다.

지인 중에 타고난 재능이 무척 뛰어난 아이를 키우는 엄마가 있었다. 그런데 아이가 중학교에 들어간 이후로 선생님과의 마찰 때문에 학교생활에 대한 의욕을 점점 잃어갔다. 아이와 잠시 이야기를 나눠 보면 누가 봐도 우수함이 느껴지는 아이였다. 또한 학교의 각종 대회나 수행평가 과제로 과제물을 제출할 때마다 그 창의성과 결과물이 탁월하여 미래가 기대되는 아이였다. 그런데 다른 아이를 심각하게 편애하는 선생님 때문에 늘 수상실적이 떨어지고 하다 보니 아이는 '어차피 난 안 될 텐데…'라는 패배감에 젖어 하교 후 침대에만 누워 있는 무기력이 찾아오고 말았다.

또 다른 지인은 학급 반장을 맡고 있는 딸을 둔 엄마였다. 그런데 담임선생님이 반에서 일어나는 모든 문제는 반장인 너의 책임이라며 과도한 책임 전가를 하다 보니 아이는 선생님이 무서워서 학교조차 가기 싫다고 매일 운다고 했다.

첫째 아이가 초등학교 저학년 때의 담임선생님도 해마다 문제를 일으키던 분이었다(나는 이 사실을 다음 해에야 알았다). 소문에 의하면 일주일에 한 번씩 혈액투석을 하는 분으로 늘 신경이 날카롭게 곤두서 있고, 반에서 잘 적응하지 못하는 어리숙한 아이를 놀리고 밀치며 때린다고 했다. 우연히 학교에 갔다가 짓궂게 아이를 놀리는 선생님을 보고 깜짝 놀란 적이 있는데 반 아이들 대부분이 박수를 치며 웃고 있었기에 내가 앞뒤 자세한 상황을 모르는 건가 싶어 그냥 지나쳤던 기억이 있다.

2학기가 된 어느 날, 양호 선생님으로부터 한 통의 전화가 걸려왔다. 첫째 아이가 1학기 때부터 자주 아프다며 양호실을 찾아왔는데 한동안 잠잠해서 괜찮은가 싶더니 2학기가 되자 다시 찾아온다는 것이었다. 그렇게 양호 선생님을 만나고 온 후 첫째 아이와 이야기를 나누며 알게 되었다. 아이는 담임선생님의 짓궂은 농담이 자신에게 하는 말과 행동이 아님에도 마음이 아프다고 했다. 잘하지 못하는 아이일수록 도와주고 다독여줘야 하는데 오히려 야단치는 선생님이 무서웠고, 언제 또 그런 일이 일어날지 몰라 매일 불안했다고 한다. 친구를 도와줄 수 없는 무기력과 맞고 있는 친구의 아픔이 자신에게도 전해져서 그 감정이 신체화된 아이는 정말 배가 아프고 머리가 아파 매번 양호실로 간 것이었다.

시간이 지나서야 알게 된 일이었지만 선생님의 잘못된 행동을 지켜보면서 아무런 항의를 하지 않는 것이 비단 나만의 일이라고는 생각하지 않는다. 많은 부모들이 혹여나 내 아이에게 가해질 차별이 두려워 선생님께 별다른 말을 하지 못한다. 비겁한 행동이지만 어찌 보면 그 아래에는 엄마의 낮은 자존감이 깔려 있다. "스승의 그림자도 밟지 않는다"는 말을 들으며 자라온 나와 같은 사람들은 감히 선생님께 대항하지 못한다.

물론 알고 있다. 그 반대의 경우도 존재한다는 것을. 나는 잘못된 행동을 하는 교사보다 묵묵히 자신의 자리에서 선한 영향력을 펼치고 있는 수많은 교사를 알고 있다. 퇴근도 미루고 수업의 질을 높이기 위해 오랜 시간 남아서 연구를 하기도 하고 혼자의 힘으로는 부족하다고 여겨 모임을 결성하는 등 열심히 활동하는 많은 선생님들을 알고 있다.

하지만 혹여나 그 반대의 선생님을 만나게 되면 무조건 저자세로 나가기보다 내 감정의 무의식을 들여다보면서 어떤 행동을 취할 것인지 고민하고 행할 수 있는 일들은 실천해보았으면 좋겠다. 그래야 성인이 된 내 아이도 불합리한 일들 앞에서 자신의 목소리를 내며 당당하게 살아갈 수 있을 테니 말이다.

엄마 공부 4

즐거운 마음으로 나를 위한 행동을 해보세요

"마지막으로 꽃을 샀던 때가 기억나시나요? 언제, 누구를 위해, 어떤 이유로 꽃을 샀었나요? 꽃을 사면서 행복했나요? 아이의 입학과 졸업, 지인의 행사에 예의와 의무감으로 사지는 않았나요? 그래도 꽃을 사서 그 향기를 맡아보던 순간엔 나도 모르게 옅은 미소가 지어졌을 거예요. 오늘은 그 누구도 아닌, 오직 나 자신을 위해서 꽃을 사보세요. 한 송이나 한 다발의 꽃을 사서 식탁이나 거실에 놓아보세요. 꽃은 어차피 시간이 지나면 시들어버린다는 허망함과 그래서 돈이 아깝다는 결핍에 방점을 찍지 말고 즐거운 마음으로 한번 시도해보세요. 그러면 알게 될 거예요. 꽃이 나에게 온 이유와 꽃이 나에게 주는 선물에 대해서."

너에게 있어 가장 불편한 시기는
너 자신을 가장 많이 배우는 시기이다.

메리 루이즈 빈

5

당당하게 혼자 서는 독립

사춘기를 무난하게 극복하는 지혜

한 인간이 독립적인 존재로 성장하는 과정에는
부정의 시기가 필요하다.
이때 부모는 어떻게 아이를 더 잘 키울 수 있을까를
고민하는 것이 아니라
엄마인 나 스스로의 마음을 들여다보며 내 삶에 집중해야 한다.
아이가 행복하길 바란다면 지금 내가 행복해야 한다.

아이의 독립이 두려운 엄마

좋은 책이 있으면 늘 첫째 아이에게 추천해주었다. 책을 읽고 난 아이는 책 내용을 가교 삼아 나와 많은 이야기를 나누었고 그 즐거움이 무척 컸다. 그런데 언제부터인가 아이는 내가 추천해준 책을 읽다 말고 파드득 화를 냈다. 그 이유는 책을 읽을 때 줄을 치는 나의 습관 때문이었다. 평소에도 충분히 엄마와 이야기를 나누며 엄마의 생각과 감정을 알고 있는데, 책을 읽으면서까지 엄마가 중요하게 여긴 문장을 보면서 엄마의 생각에 구속되고 싶지 않다는 거였다.

내심 섭섭했지만 내가 무척 감동 깊게 읽은 책을 첫째 아이도 읽어봤으면 좋겠다는 생각에 한동안은 책을 읽으며 밑줄을 긋지 않았다. 좋은 책을 아이에게 꼭 읽히고 싶어서 줄을 치며 읽는 나의 욕구를 억누른 것이다. 그런데 그와 동시에 나의 독서량이 현저하게 줄어들기 시작했다. 나는 밑줄 긋는 재미로 책을 읽기 때문이다.

첫째 아이가 중학교 2학년 무렵, 이제부터는 엄마에게 의존하는 것이 아니라 자기 모습 그대로 홀로 서고 싶다는 말을 종종 해왔다. 처음에는 고개를 끄덕이며 수긍했는데, 이상하게 시간이 지날수록 알 수 없는 짜증과 화가 치밀어 올랐다. '나만큼 아이들의 욕구를 존중해 준 엄마가 어디 있다고. 뭐, 홀로 서겠다고? 그동안 내가 자기

들을 개줄로 묶듯이 묶어서 끌고 다녔나? 나만큼 내 욕구보다 아이들의 희망과 바람을 따라준 부모가 어디 있다고, 누가 들으면 정말 내 생각만 강요한 엄마인 줄 알겠네. 정말 호강에 겨운 소리하고 있네!'라고 말하고 싶은 생각이 굴뚝 같았다. 알 수 없는 짜증과 화도 그동안의 내 노력과 수고를 몰라주는 아이에 대한 억울함 때문이라고 생각했다.

그런데 나 자신에게 계속 자문을 하다 보니 나는 억울함 때문에 짜증이 난 게 아니었다. 바로 아이와 떨어지기 싫었던 나의 분리불안 때문에 마음이 휑하고, 섭섭하고, 화가 나고, 짜증이 나고, 갈팡질팡 어쩔 줄 몰랐던 거였다. 갑자기 이러한 생각이 정전된 방안으로 순식간에 빛이 들어오듯 '번쩍'하고 떠올랐다.

머리를 한 대 얻어맞은 느낌이었다. 아이가 이제부터 스스로의 힘으로 날아보겠다는데, 나는 그때부터 혼자가 될까 봐 두려웠다. 나의 깊은 마음은 나도 모르게 '그러면 이제부터 나는 어떻게 해야 하지? 누구와 함께 가야 하지? 또 혼자가 되어야 하나?' 그런 생각들을 하고 있었던 거였다. 나조차도 까맣게 모르게 말이다.

그동안 좋은 것이 있으면 늘 아이들에게 주고 싶었다. 좋은 음식, 멋진 구경거리, 즐거운 영화, 의미 있는 책 등 삶을 더 근사하고 풍요롭게 할 수 있는 많은 것들을 아이들에게 주려고 했다. 하지만 어느새 자신의 생각과 가치관이 자리를 잡아가고 있는 아이는 엄마가 주고 싶은 그 모든 도구와 방법들은 자신이 원하는 것이 아니라며 단호하게 거절했다. 그로 인한 갈등은 내 마음을 몰라주는 아이에 대한 원망의 화살이 되어 날아갔고, 내가 쏜 화살을 더 크게 거부하는 아이를 보면서 나란 존재에 대한 회의감까지 느끼곤 했다.

충격이었다. 나는 충분히 아이들로부터 독립된 존재라고 여겨왔는데 그건 사실이 아니었다. 아이와의 독립이 이렇게 어렵고도 힘든 일인 줄 제대로 부딪히기 전까지는 전혀 알지 못했다. 머릿속으로 그렇게도 바라던 아이들의 독립이었는데, 그때가 되면 파티라도 벌여야겠다고 생각했는데 막상 나는 그 앞에서 바들바들 떨고 있었다. 말할 수 없이 슬펐다.

미스코리아보다 예쁜 내 엄마

첫째 아이가 어렸을 때의 일이다. 갑자기 내 옆으로 다가온 아이는 자신의 얼굴을 내 얼굴에 비벼대며 귓속말을 했다.

"엄마, 나는 세상에서 엄마가 제일 예뻐!"

"(기분이 좋았지만 은근히 빼며) 에이, 칭찬은 고맙지만 그건 사실이 아닌데?"

"(강하게 고개를 내저으며) 아니야! 나는 엄마가 진짜 제일 예뻐. 미스 코리아들이 예쁘기는 하지만 그런 사람들은 또 보고 싶지 않아. 근데 엄마는 보고 또 보고 또 봐도, 또 보고 싶거든."

엄청난 감동이었다. '이런 맛에 아이를 키우는구나' 싶었고 나를 이렇게 사랑해주는 존재가 있다는 사실이 무척 행복했다.

아이가 조금 더 자라 초등학교 3학년 때는 이런 일도 있었다. 내가 읽고 있던 육아서를 자기도 읽더니 감격에 찬 얼굴로 말을 걸어왔다.

"엄마, 이 책을 보니 엄마가 우리를 참 잘 키웠다는 생각이 들어."

"그래? 왜 그렇게 생각했어?"

"응, 최소한 엄마는 내가 나를 믿도록 키웠잖아."

아! 그 말에 오히려 내가 감동을 받아 입이 귀에 걸렸더랬다. '우리 연수는 자기 스스로를 믿는구나. 부족하기만 한 내가 아이를 키웠는데, 이 아이는 나와 달리 자신을 믿는구나!' 참 좋았고 흐뭇했다.

더 듣고 싶었다! 엄마인 내가 어떤 모습이기에, 내가 어떻게 키웠다고 느꼈기에 스스로를 잘 컸다고 생각하는지 너무 궁금했다. 그래서 계속 물어보았고 아이는 이렇게 대답해주었다.

"응, 엄마는 화가 난다고 해서 막 화를 내지 않잖아. 또 작은 화라도 내고 나면 항상 먼저 미안하다고 우리에게 잘못을 구하고. 사랑

표현을 자주자주 해서 내가 늘 사랑받고 있다는 것을 깨닫게 해주고 또 언제나 나를 믿어주고. 내가 슬플 때 함께 슬퍼해주고 기쁠 때 함께 기뻐해주어 나의 거울이 되어주고. 이 책에서 보면 육아의 악순환은 되풀이된다고 하던데 엄마는 그 고리를 끊었잖아. 책을 읽다 보니까 우리 엄마가 정말 대단하다는 생각이 들었어."

아이의 그 말에 하늘로 치솟을 듯한 힘이 생겼다. 보람되지만 고되기도 한 육아를 다시 또 힘내서 해보겠다는 뜨거운 에너지를 얻었다. 아이의 말 한마디 한마디가 그렇게 내게 힘이 되었다.

첫째 아이가 중학생 때였다. 우연한 기회에 〈한국일보〉에서 '가족'이란 주제로 인터뷰를 하게 되었다. 어쩌다 보니 아이들의 하교 시간이랑 맞물려 아이들까지 인터뷰를 했는데, 그때 연수는 "이 각박한 사회에서 언제나 든든하게 힘이 되어주는 가족이란 제도가 있다는 것이 정말 다행이라고 생각합니다"라고 했다. 그러면서 말하길 "그중에서도 특히 우리 가족의 구성원으로 태어나게 되어 정말 좋아요"라고 말했다. 인터뷰를 진행한 기자 분이 즉흥 인터뷰에서 어쩜 이렇게 자신의 생각을 조리 있게 얘기하고, 생각조차 바르고 예쁜지 모르겠다며 아이를 무척 칭찬하고 예뻐해주었다.

내 아이의 사춘기가 시작되다

그랬던 첫째 아이가 고등학교 1학년 때 일주일 만에 학교에서 집으로 돌아와(당시 기숙사 생활을 했다) 가슴 아픈 말을 던졌다.

"집에 오기 싫었어! 엄마가 지금까지 나에게 준 것은 사랑이 아니었어. 엄마는 늘 내게 사랑을 줄 것처럼 기대하게 하고는 결정적인 순간에 나를 다시 버려. 엄마의 사랑을 사랑이라 믿으며 크는 동안 나는 나도 모르게 내 몸이 거부하는 감정들을 부정하면서 엄마 말이 맞을 거라고 생각했어. 그래서 결국 나 자신을 믿지 못하게 되었어. 엄마의 말을 믿었기에 내가 이상한 아이일지도 모른다는 생각을 하게 된 거야. 내가 옳았어. 나한테 사과해! 난 엄마가 나에게 사과했으면 좋겠어!"

첫째 아이의 사춘기는 중학교 2학년 추석 연휴 무렵에 시작되었다. 영재학교에 가고 싶다고 하여 진로탐색을 하다가 혼자 준비하는 것의 버거움을 느껴 학원에 보내기로 마음을 먹었다. 고민 끝에 아이의 실력을 냉정하게 알아보고, 학원에 다니는 횟수를 줄이면 수업료도 적당히 낼 수 있지 않을까 기대하며 유명 학원에 찾아가 레벨테스트를 받았다. 그런데 기본 문제집 한 권을 풀었던 첫째 아이의 점수가 영재반에 합류해도 될 만큼 높은 점수가 나온 것이다.

원장 선생님은 아이가 지금껏 혼자서 공부를 해왔다는 말을 믿지 않으려 했다. 그러면서 말하기를 현재 영재학교를 준비하는 영재반 아이들의 진도는 연수와 맞지 않으니 그 아래인 과학고반에서 한 달 동안 수업을 듣다가 2학기가 시작되면 한 번 더 레벨 테스트를 하여 영재반에 합류하자는 것이다. 어이가 없었다. 어차피 과학고반도 몇 바퀴째 돌아가고 있던 정석 진도가 정석은 구경도 해본 적 없는 연수와는 맞지 않았기 때문이다. 그런데 영재반은 안 되고 과학고반에서 한 달을 있다가 다시 레벨 테스트를 받으라고 하다니….

문제는 그 학원의 한 달 수업료가 정말 비쌌다는 것이다. 한두 달 배우고 끝나는 거라면 어떻게 해서든 돈을 마련해볼 텐데 당시 남편의 사업 실패로 쌓여 있던 빚을 갚는 일, 생활비, 주말부부 생활을 했던 남편의 집 보증금을 마련해야 하는 상황에서 비싼 학원비까지는 정말 부담스러웠다.

결국 그해 여름 첫째 아이는 경제적인 이유로 혼자 공부를 이어가게 되었다. 인터넷을 검색하여 주먹구구식으로 알아낸 정보를 통해 수학올림피아드 교재를 산 후 혼자서 교재를 읽고 문제를 풀었다. 그런데 그 한 달의 시간이 아이에겐 너무도 버겁고 가혹했다. 올림피아드 문제는 학교에서 배웠던 수학문제들과 너무 다른 유형이었다. 심지어 사고력 수학과도 차원이 달랐다. 한 문제를 어렵게 풀면 그다음 문제가 막혔고, 그 문제를 또 고민하여 풀면 그다음 문제에서 또 한참의 시간이 걸렸다. 하루 종일 책상 앞에 있어도 문제집 한 장을 넘기기 힘든 상황이 펼쳐지다 보니 아이는 점점 지쳐갔다.

'혼자서 얼마나 힘들었을까? 놀고 싶은 욕구를 스스로 다스려야 하고, 공부 외에 하고 싶은 일들을 조절해야 하며, 열심히 하다가 모르는 문제를 만나도 물어보거나 도와줄 사람이 없으니 얼마나 버거웠을까?' 게다가 늦게 시작했다는 불안감, 준비된 것이 없다는 공포, 진도가 나가지 않는 교재를 보면서 갖게 된 자신에 대한 회의감까지 그렇게 아이는 한 달간 소리 없이 무너져갔다.

2학년 2학기가 시작되었다. 9월 초에 시작된 추석 연휴 기간 동안 우연히 《천재가 될 수밖에 없는 아이들의 드라마》라는 책을 읽던 첫째 아이가 꺼져가는 목소리로 나를 불렀다. 두 눈이 빨게져서는 울먹이는 목소리로 책 속의 한 문장을 가리키며 "엄마, 정말 이래도 돼?"라고 물어왔다. 아이의 손가락이 가리킨 곳에는 "부모를 미워해도 된다"라는 글자가 적혀 있었다.

그 당시 심리와 내면의 상처에 대해 공부하고 있던 나는 아이의 말에 수긍하며 미워해도 좋다는 대답을 들려주었다. 연수는 세 번이나 사업에 실패한 아빠로 인해 원하던 공부에서 좌절감을 맛보았고,

힘든 초등학교 5학년 시절에 자신을 보호해주지 못한 엄마에 대한 원망의 감정이 남아 있었다. 하지만 엄마와 아빠가 자신을 얼마나 사랑하고 있는지도 잘 알고 있었기에 감히 반항하지 못하고 대놓고 불평하지도 못한 채 혼자서 많은 시간을 참아왔던 것이다.

통곡을 하던 아이는 며칠 후 더 이상 그 어떤 공부도 하고 싶지 않다는 말을 건네왔다. 그렇게 첫째 아이의 사춘기가 시작되었다. 학교 공부도, 영재학교 시험 준비도 모든 것을 놓아버린 채 아이는 그 후 3년 반이란 시간을 흘려보냈다. 그렇게 뛰어나 보이던 공부에 대한 재능도 습(習)이 뒷받침되지 않으니 흔들리기 시작했다. 아이를 지켜보는 과정은 가슴이 무너질 듯 아팠고 힘들었지만 그 어떤 훈계도 할 수 없었다. 정말 많은 것을 내 안에서 내려놓는 시간이었다. 많은 가능성을 가진 아이였지만 결과적으로 나는 아이의 재능과 열정을 지켜주지 못했다.

'레벨 테스트를 받은 후 과학고반에서 수업을 듣게 했더라면 어땠을까? 생소한 문제집을 끌어안고 혼자서 하는 싸움이 아니라 그래도 같은 교실에서 같은 문제를 풀며 같은 길을 걸어가는 아이들과 함께 있었다면 덜 힘들지 않았을까? 모르는 문제를 혼자 힘으로 푼다고 끙끙거리지 않고 물어볼 선생님이 있었다면 얼마나 좋았을까? 조금 더 잘사는 부모를 만났더라면 아이는 자신의 재능에 날개를 달

고 날 수 있지 않았을까?'

한동안 이러한 생각들이 나를 옥죄였고, 아이에게 미안한 마음은 남편에 대한 원망으로까지 이어졌다. 그러는 동안 질풍노도의 사춘기를 겪는 아이의 말과 행동에 나 역시 지쳐갔다. 웬만하면 아이의 마음을 헤아리며 아이의 모든 말과 행동을 들어주려고 노력했지만 때때로 참을 수 없는 억울함이 가슴 깊은 곳에서 올라왔다.

아이의 마음을 공감할 수 없는 이유

친정아버지의 생신날이었다. 그날 하루 예정되어 있던 두 번의 강연을 마치고, 아버지의 생신을 지나치지 않으려고 작은 성의지만 마음을 담은 용돈을 드려야겠다 싶어 고픈 배를 움켜쥐고 친정으로 달려갔다. 인천에서 대전, 대전에서 거제, 거제에서 부산까지 강연을 마치자마자 헐레벌떡 고속버스를 타고 갔던 날이었다. 그런데 아버지는 왜 이렇게 늦게 왔느냐고 얼굴을 붉히셨다. 강연이 두 개 잡혀 있어서 늦는다고 미리 말씀드리지 않았느냐고 했지만 아버지의 화는 누그러들지 않았다. 그리고 식사 자리에서 내가 내민 용돈 봉투를 바닥으로 던지며 말씀하셨다.

"네가 잘해서 강연이 들어오는 줄 알아? 정신 차려! 금방 끝나! 늘 이럴 거라고 생각하지 마. 주변에선 입에 발린 칭찬이나 들려주지 입바른 말은 아무도 안 해줘. 내가 부모라서 너를 위해 해주는 말 인 줄 알고 고맙게 생각해. 내가 다 너를 걱정하니까 이런 말을 해주는 거야!"

아무런 맥락도 없었다. 아버지의 생신날 저녁 식사라도 같이 하고 싶어서 밥도 먹지 않고 달려간 자리였다. 내가 무얼 그렇게 잘못했는지 모른 채 그저 가슴 아픈 아버지의 말씀을 듣다가 깨달았다.

'아, 나는 엄마의 폭력과 폭언뿐 아니라 아버지로부터도 엄청난 상처를 받았구나.'

엄마로부터 받은 상처가 너무 커서 늘 그 반대편에 있는 아버지에 대한 우상화를 가슴에 품고 '그래도 나는 아빠의 사랑은 받았어'라고 믿으며 성장했음을 그날 알게 되었다. 자신감을 갖고 세상을 살아가게 하기보다는 나 자신을 보잘 것 없게 여기도록 만드신 나의 아버지. 그냥 응원만 해주시면 더 잘하겠다고 이야기했지만 어디 키워준 아버지를 훈계하냐며 더욱 불같이 화를 내시던 나의 아버지.

그렇게 자란 내가 이런 나의 상처를 아이들에게는 물려주지 않으려고 나보다는 더 많은 사랑과 격려, 좋은 환경을 주려고 정말이지 열심히 노력했는데, 사춘기에 접어든 첫째 아이는 내가 준 것이 사랑이 아니라고 했다. 가슴이 찢어질 듯 아팠다.

하지만 아이의 말은 사실이었다. 나는 어쩌면 매번 연수를 버렸는지도 모른다. 연수가 울거나 뒤집어지면 참고, 참고, 또 참았지만 끝내 더 참지 못하고 여러 가지 핑계를 대면서 아이와 마주 앉았던 자리를 뜨고 말았다. 그렇게 자리를 박차고 나가면서 엄마는 또 한번 자신에게 상처를 주었다고, 엄마는 매번 나를 버렸다고 표현하는 아이의 말을 한동안은 정말이지 받아들이기 힘들었지만 그건 사실이었다. 99를 노력했는데 100을 채워주지 못했다고 해서 그 99마저도 인정받지 못한 느낌이 들어서 그동안은 억울함과 분노, 서글픔으로 아찔해지기도 했는데 내 마음을 표현하고 허용하면서 아이의 말이 들리기 시작했다.

기숙사에서 돌아와 당당하게 나에게 사과해달라고 요청한 그날, 나도 모르게 나로 인해 그동안 힘들었을 아이의 마음이 그대로 읽어졌다. 첫째 아이의 말에 의하면 학교에서 상담시간에 '외상 후 스트레스 지수'를 검사했다고 한다. 삶에서 큰 사건 사고를 겪은 뒤 상담하는 과정에서 측정하는 트라우마 지수였다. 문제는 이 검사에서 연수의 수치가 높게 나오면서 상담 선생님께서 연수에게 도움이 되라고 책 한 권을 소개해주신 모양이다. 그런데 그 책을 읽다보니 엄마가 자녀에게 하지 말아야 할 모든 말과 행동을 내가 자신에게 초등학교 5학년 이후로 전부 해왔다는 사실을 깨달았다는 것이다.

별거 아니야, 시간이 해결해줄 거야, 친구는 없어도 되니까 공부에 신경 써, 왜 진작 말하지 않았니?…

"책에 쓰여 있던 그 말들을 엄마도 내게 똑같이 하면서 엄마는 내가 나 스스로를 이상한 사람이라고 느끼게 만들었어. 초등학교 5학년 이후로 그렇게 글을 써댄 것도 트라우마를 극복하기 위해 나 자신을 지키고자 본능적으로 했던 행동이었어. 그런데 엄마는 내게 말은 안했지만 한심하고 걱정스런 눈빛으로 나를 바라보면서 나 스스로 죄책감을 갖게 했어. 난 글을 쓸 때마다 엄마에게 죄책감을 느꼈고 그러면서도 글을 쓰고 있는 내가 정말이지 못마땅했어. 엄마에게 너무너무 미안했고, 그런 내가 정말 미웠어!"

사랑과 함께 상처도 주었다

첫째 아이의 말에 의하면 초등학교 5학년 때의 아픈 경험 이후, 그때 받았던 상처를 자기 나름대로 풀기 위해 글을 쓰기 시작했다고 한다. 그때는 자기 자신도 그 사실을 몰랐지만 상담 선생님이 건네준 책을 읽어 보니 그와 관련된 이야기가 쓰여 있었다고 한다. 트라

우마를 입은 아이가 자신의 상처를 스스로 치유하기 위해 '글쓰기'를 하기도 한다고…. 자신의 몸과 감각은 그렇게 살아서 자신을 지키고 있었는데, 엄마는 그것을 부정적으로 바라보았다고 말했다.

아이의 말을 들으니 생각이 났다. 학교만 다녀오면 방 안에 틀어박혀 컴퓨터 키보드 자판만 두들겨대던 시절, 내 입장에선 당연히 걱정이 되었다. 별일이 없냐고 물어보면 말하고 싶지 않다고 해서 놔두었고, 요즘 아이들은 사춘기를 일찍 겪는다고 하니 그런가 보다 하고 쉽게 생각했다. 그렇게 지켜보기도 하고, 내버려두기도 하고, 그 와중에 몇 번 잔소리를 하기도 했다. 그런데 연수는 그때 내가 했던 말들(언어적, 비언어적인 모든 말)에 상처를 받은 모양이다.

"글을 쓸 때마다 내가 쓰레기가 된 기분이었어. 엄마의 잔소리에 틀린 말이 하나도 없었기 때문에 그 말을 들을 때마다 내가 더 초라해지고, 더 자신감이 없어지고, 나 자신이 한심해 보였어. 엄마, 이젠 그러지 말아줘. 내가 어떤 모습을 하고 있어도 실망스런 눈초리를 보이지 말아줘. 엄마의 기대를 충족시키지 않으면 엄마로부터 버려질 것 같아서 정말 힘들었어."

그 말을 하며 한참 울던 연수는 이런 말도 했다.

"사실 엄마가 나에게 99의 사랑을 주는 만큼 나는 더 큰 죄책감이 밀려왔어. 엄마에게 미안해서 더 힘이 들었어…."

엄마에게 맞으면서 자랐던 나는 내 아이만은 때리지 않겠다고 마음을 먹었다. 하지만 아이가 셋이 되니 미칠 것 같은 심정이 되었다. 아이가 내 말에 따라주지 않는 날이면, 체력적으로 너무 힘든 날이면 내 엄마가 나에게 한 것처럼 미친 듯이 소리를 지르며 아이를 때리고 싶었다. 결코 사랑의 매라고 표현할 수 없는 매질을 내 엄마처럼 하게 될까 봐 얼마나 무서웠는지 모른다. 그래서 화가 치밀어 오를 때마다 타임아웃을 외치며 옆방으로 갔다. 길지도 않은 딱 5분의 시간 동안 나의 분노로부터 아이를 지키기 위해서 아이를 홀로 놔두었다. 아이를 위해서라는 명목으로 나는 아이를 버렸던 것이다.

그렇게 3년의 시간을 보낸 어느 날, 아이가 내 다리를 붙잡고 통곡했다. 제발 옆방으로 가지 말라고. 엄마가 없는 그 5분이 세상에 혼자 버려진 듯한 느낌이 든다고. 무서우니 제발 함께 있어 달라고 말이다. 때려도 좋으니 함께 있어만 달라고 어린 연수는 그렇게 울며불며 나에게 매달렸다.

나의 소중한 첫째 딸 연수는 세 번이나 사업에 실패한 아빠로 인해 경제적으로 휘청임이 많은 가정에서 자라며 장녀의 틀, 착한 아이의 틀, 모범생의 틀, 전학을 오면서 생긴 트라우마 등으로 자신을 아주 많은 틀 속에 가두고 살았다. 얼마나 힘들었을까….

그 아픔이 그제야 내 가슴으로 내려왔다. 그동안 나는 아이를 머리로만 이해했다. 내 안의 상처가 너무 많아 아이의 호소에 내 억울함이 더 많이 올라왔다. 나는 그동안 아주 많은 사랑을 주었다고, 내가 줄 수 있는 만큼의 사랑을 최선을 다해주었다고 생각했지만 내가 준 것은 상처도 함께였다. 아이에 대한 사랑뿐 아니라 세상에 대한 두려움과 불안, 자신의 가치를 낮게 평가하는 못난 거울상과 경제적인 결핍 등 사랑만 준 것이 아니라 나의 상처까지 함께 주었다. 그렇게 아이는 엄마의 잘못된 사랑을 사랑이라 믿으며 자신을 부정해왔던 것이다. 가슴이 아팠다.

아이가 욕구와 불만을 드러내기 시작할 때

아이들이 아주 어렸을 때 세 아이와 함께 동네 한 바퀴를 돌다보면 참 많은 어르신들이 한마디씩 하셨다.

"아이고, 예쁠 때다! 이때가 제일 예쁘지! 조금만 더 커봐라. 클수록 애 키우기 힘들고 말 안 듣고 말썽부리고 이때가 제일 좋지."

좋은 말도 한두 번이지 정말로 듣기가 싫었다. 아이들이 예쁘다고 말씀해주시는 건 좋았지만 입을 맞춘 듯이 클수록 더 힘들 거라니! 지금도 난 충분히 힘든데 말이다.

조막만 한 세 아이를 하루 종일 따라 다니고 챙기다 보면 저녁 무렵에는 이미 피곤이 몰려왔다. 하지만 아이들이 잠드는 밤은 아직 오지 않았고, 한 녀석 한 녀석이 돌아가며 "엄마!"라고 부를 때마다 바로 달려가 놀아주고, 책 읽어주고, 먹이고 입히느라 온몸이 쑤셔왔다. 애 키우기가 정말 만만치 않아서 힘이 들어 죽겠는데 왜 나이 드신 분들은 한 목소리로 어린 시절이 제일 좋다고 얘기하는지 이해할 수가 없었다.

나 역시 세 아이가 자라서 사춘기를 보내고 보니 그때 그분들의 말씀이 무엇을 의미하는지 이제는 알 것 같다. 더 이상 아이들은 울다가도 손에 사탕이나 장난감을 쥐어준다고 해서, 뽀로로 영상을 보여준다고 해서 울음을 그치던 어린 아이가 아니다. 색종이 한 장, 과자 하나로도 만족하던 아이들은 어느새 더 멋지고, 더 비싸고, 더 좋은 걸 요구하며 모든 일에 자신의 욕망을 드러내기 시작했다. 어렸을 땐 그 욕구를 채워주지 않아도 시간이 지나면 쪼르르 달려와 내 품에 안겼지만 이제는 자신의 욕구가 거절되면 불만 가득한 표정으로 방문을 '쾅' 닫고 잠적해버리는 모습으로 자라났다. 그렇게 웃고, 떠들고, 엄마밖에 모르던 아이들이 시간 너머로 사라져버린 것이다.

엄마의 내면 아이와 아이의 성장욕구가 충돌하는 시기

내 경험에 의하면 사춘기는 아이가 부모로부터 독립하려는 두 번째 시기다. 2~3살 때 아이는 계단을 오르내리면서 어떤 날은 손을 잡으랬다가 또 어떤 날은 잡은 손을 놓으랬다가 말할 수 없이 변덕을 부리며 육체적인 독립을 시도한다. 그리고 사춘기가 되면 정신적인 독립을 이루려 한다. 자신의 정체성을 찾기 위해 이전보다 더한 변덕의 과정을 보여주며 부모의 어떤 기대도 거절하면서 순도 100퍼센트로 자신을 응원해달라고 몸부림친다.

한 인간이 올곧이 독립적인 존재로 성장하는 과정에는 부정의 시기가 필요하다. 제자가 스승을 뛰어넘어 자기만의 세계관을 세우기 위해 어느 한순간 스승의 가르침을 부정해야 하는 때가 오는 것처럼 말이다. 이제 아이는 자신의 독립을 이루기 위해 그동안 부모가 주었던 삶의 방식과 가르침을 전면 부정하며 묵은 때를 털어내듯 부모를 뒤흔든다. 그 팽팽한 긴장감으로 서로 싸울 수밖에 없는 시점이 바로 아이의 사춘기인 것 같다.

또한 이 시기는 자라고 있는 '내 아이의 성장욕구'와 '부모의 내면 아이'가 충돌하는 시기다. 아이가 어릴 땐 부모의 심리를 건드리는 일이 그다지 많지 않다. 하지만 아이가 자라면서 부모는 아이에게 기대를 하게 되고, 그렇게 아이의 욕구와 부모의 욕구가 부딪혀 마찰을 빚다보면 서로 싸울 수밖에 없다. 하지만 부모의 그 욕구 안에는 과거 상처받은 내면 아이의 욕구 또한 깊이 들어 있음을 깨달아야 한다.

자녀의 사춘기를 거치면서 부모는 이전과 다른 방식의 육아를 해야 한다. 어떻게 하면 아이를 더 잘 키울 수 있을까를 고민하는 것이 아니라 엄마인 나 스스로의 마음을 들여다보며 내 삶에 집중해야 한다. 대기만성형 아이를 키우면서 '왜 너는 일찍부터 떡잎을 보여주지 않느냐'고 아이를 몰아붙이는 대신 왜 나는 아이를 기다리지 못하는지 자신의 마음을 들여다보아야 한다. 뚜렷한 떡잎형 아이를 키우면서 지금은 잘 자라고 있지만 일찍 핀 꽃이 빨리 시들면 어떻게 하느냐고 불안해하는 대신 왜 나는 아이를 믿지 못하고 초조해하는지 자신의 내면을 들여다보아야 한다. '이 아이가 왜 이럴까?' '대체 뭐가 문제야?' '그까짓 게 뭐가 힘들어?'라는 시선이 아니라 "그래, 너 힘들었겠다" "네 말이 맞는 것 같다"는 말이 나오지 않는 자신의 마음을 살펴야 한다. 현재 아이의 모습을 인정하지 못하는 것은 엄마가 자신만의 틀에 갇혀 있기 때문이며 그 틀은 대부분 자신의 결핍으로 인해 일어나는 증상이기 때문이다.

비단 사춘기 아이뿐만이 아니다. 아이의 사회생활(유치원이나 학교생활)이 본격적으로 시작되면 엄마는 이전과 다른 육아를 시작해야 한다. 아이와 함께하는 일상에서 마찰이 일어나는 거의 대부분의 지점에 내 자신의 문제가 있기 때문이다. 유치원에서 아이가 맞고 돌아온 것도 아닌데 걱정과 흥분에 휩싸여 "이제부터 너도 때려"라고 과잉 반응을 한다면 다른 대답을 내놓지 못하는 나의 내면을 들여다보아야 한다. 아이가 학교에서 울며 돌아와 "짝꿍이 내 물건을 빼앗아 갔어"라고 얘기한다면 "짝꿍이 우리 ○○와 장난을 치고 싶었을까?"라며 아이의 감정을 축소, 회피, 왜곡하지 말고 아이의 감정에 공감한 뒤 아이의 마음을 축소하고 싶은 내 마음을 들여다보아야 한다. 친구가 없다고 우는 아이 옆에 앉아 그것을 엄마의 문제로 가져오지 말고 아이가 충분히 울고 스스로 답을 찾을 수 있도록 격려하며 함께 걸어가야 한다.

부모가 단단하면 아이는 바깥세상에 크게 휘둘리지 않는다. 그러기 위해서는 엄마가 자신의 내면을 들여다보며 엄마 자신을 찾아가야 한다. 그러다 보면 그 에너지가 소중한 내 아이에게도 닿아 결국은 나와 아이 모두가 성장하게 된다.

엄마가 행복하면 아이도 행복하다

세 아이의 십대 시절을 함께 통과하며 새삼 알게 된 것은 아이들은 여전히 어렸을 때처럼 부모의 뒷모습을 보며 자란다는 사실이다. 아이들이 어렸을 땐 단순히 나의 말버릇이나 행동, 습관 등 표면적으로 드러나는 뒷모습을 보고 자라는 줄 알았는데 아이가 크면 클수록 삶에 대한 태도 역시 부모의 뒷모습을 보며 배운다는 것을 알게 되었다.

아이가 행복하길 바란다면 지금 내가 행복해야 한다. 아이가 사람들과 잘 어울리길 바란다면 내가 그런 모습이 되어야 하고, 아이가 부유하게 살길 바란다면 내가 건강한 '부'에 대한 인식을 가져야 한다. 또 아이가 공부를 잘하길 바란다면 지금 내게 주어진 일을 열심히 해야 한다.

어쩌면 어린 아이는 부모의 희생으로 자란다. 새벽녘에 배고프다고 숨넘어가게 우는 아이가 있다면 나의 모자란 잠보다는 아이의 욕구를 채워주는 것이 맞다. 탐구심이 왕성하여 집안 물건을 이리저리 꺼내놓고 놀고 있는 아이가 있다면 어지르지 못하게 야단을 치기보다는 아이의 욕구를 존중해주는 것이 맞다.

하지만 부모의 희생으로만 자란 아이는 부모로부터 배운 것 또한 희생이어서 결국은 자신을 잃고 타인의 욕구를 위해 살게 된다. 그러다 버겁고 지치는 날이면 내가 희생한 만큼의 억울함과 분노, 누리지 못했던 즐거움을 타인에게 질투하며 자신과 상대에게 마음의 칼을 겨눈다. 그러다가 모두에게 상처를 남기게 된다.

결국 아이를 키우는 일은 나를 다시 세우고 나를 키우는 일이다. 또한 나를 사랑하는 일은 나와 내 아이, 나아가 타인을 사랑하는 일이다. 그렇게 부모는 아이를 키우며 성장한다.

지금 현재 나의 행복이 아이를 잘 키우는 것이라고 생각한다면 아이를 잘 키우기 위한 노력을 기울이면 된다. 또 엄마가 먼저 모범을 보이며 잘 살아야겠다고 생각한다면 아이를 돌보는 일보다 나를 먼저 돌보면 된다. 어떤 선택을 하든 모두 옳다. 나에게 더 필요하고 간절한 것을 하면 된다. 열심히 아이를 키우다가 아이와 함께하는 일상이 즐겁지 않다면 잠시 쉬어 가면 되고, 잠시 멈춰 서서 내가 기쁘고 즐거운 일을 하면 된다. 그러다 보면 다시 아이를 키우고 싶은 순간이 찾아올 것이고 그때 또 열심히 즐겁게 아이를 키우면 된다.

나부터 잘 살아야겠다고 아이를 잠시 미루었다면 나를 먼저 챙기면 된다. 그렇게 마음을 먹었다면 나를 향해 에너지를 기울이면 된다. 괜히 아이를 방치한 것은 아닌지, 못 챙겨준 것은 아닌지 죄책감에 휩싸여 이러지도 저러지도 못한 채 서성이지 않아도 된다. 자신에게 집중하다 보면 어느 순간 내 욕구가 채워진 만큼 아이의 욕구가 보일 것이다. 그때 또 아이를 바라보면 된다. 우리의 상처는 아픔만 주는 것이 아니라 보석 같은 선물도 함께 가져오기 때문이다.

여전히 아이에 대한 끈을 놓지 않아야 할 시기

사춘기 아이에 대한 부모의 노력은 아이가 아닌 부모 자신을 향해야 한다고 했지만 그것이 아이에 대한 관심과 집중을 끊어내라는 말은 절대 아니다. 오히려 지속적으로 아이를 관찰해야 한다.

첫째 아이가 초등학교 5학년 무렵 시작된 일련의 일들은 내가 주변에서 떠도는 이야기들, 가령 '이제 아이들은 다 컸다'는 말만 믿고 너무 일찍 아이를 놓은 탓이 컸다. 이미 자신의 삶을 주도적으로 잘 헤쳐 나가고 있는 아이였기에 부모인 내가 아이를 위해 더 신경 써줄 일이 거의 없다고 믿었다. 정말이지 내가 할 수 있는 일은 거의 없어 보였다. 하지만 한참 시간이 지나 소아정신과 의사로 유명한 서천석 선생님이 자신의 페이스북에 올려둔 사춘기 육아에 관한 글을 보면서 뒤늦게 가슴이 저려왔다.

사춘기는 육아에서 부모의 수고가 가장 많이 드는 중요한 두 시기 중 하나다. 이 시기에 드는 수고가 적을 것이라고 예상하고 그냥 아이를 놓고 보내다가 후회하는 경우가 많다. (중략) 운이 좋으면 부모가 모르는 와중에 문제가 해결되고 넘어가지만, 행운이 따르지 않는 아이라면 부모가 중요한 역할을 해야 한다.

정말 딱, 나와 세 아이의 이야기였다.

사춘기 아이와 대화하는 법

교육심리학자이자 아동심리치료사인 하임 기너트Haim Ginott 박사는 그의 책 《부모와 십대 사이》에서 '사춘기 자녀에게 부모가 하지 말아야 할 7가지의 말'을 다음과 같이 제시한다.

① **논리적인 판단의 말:** "뭘 기대했던 거냐? 인생은 네 생각대로 되지 않아. 취직을 하려면 다섯 번, 아니 열 번 정도는 면접을 봐야 할지도 몰라."

② **상투적인 위로의 말:** "로마는 하루아침에 이루어지지 않았어. 넌 아직도 어려. 실망하지 마. 네가 미소 지으면 세상도 너와 함께 미소 지을 거야."

③ **부모를 예로 드는 말:** "내가 네 나이 때는 말이야. 남들에게 좋은 인상을 주려면 어떻게 해야 하는지 나는 알고 있어."

④ **상황을 최소화하는 말:** "왜 그렇게 풀이 죽어 있는지 모르겠구나. 네가 그토록 낙담할 이유가 없는데 말이야. 세상에 일자리가 하나만 있는 것도 아닌데."

⑤ **단점을 들추는 말:** "너는 걸핏하면 말실수를 하잖아. 너무 덤벼. 무던한 끈기가 없고 민감한 성격이라 쉽게 상처를 받아."

⑥ **자기 연민에 빠지는 말:** "안됐구나. 무슨 말을 해야 할지 모르겠다. 나도 마음이 아파. 다른 사람들은 운이 좋아서 어디든 가면 도움 주는 사람을 만날 수 있는데 우린 아는 사람이 하나도 없어."

⑦ **지나치게 낙천적인 말:** "인생 만사는 결국 잘되게 되어 있어. 이번 버스를 놓치면 금방 다른 버스가 오는 법이야. 어쩌면 더 좋은 일자리가 생길지도 몰라."

아이들이 훨씬 어렸을 적에 미리 아이들의 사춘기가 다가올 것에 대한 마음의 준비를 하려고 《부모와 십대 사이》를 읽은 적이 있다. 하지만 이내 읽다가 던져버렸다. 이해가 되지 않았기 때문이다. 하임 기너트 박사가 금지했던 모든 말들은 딱히 아이에게 나쁘다고 판단되는 언어가 아니었고 또한 종종 이미 내가 사용하고 있는 말이었기 때문이다.

당시 아직 어린 아이들은 나의 이런 말들에 그다지 불만을 표시하지 않았는데, 그런 말을 써서는 안 된다고 하니 도무지 수긍이 되지 않았다. 뭐 이런 말도 안 되는 책이 다 있나 싶은 생각도 들었다. 하지만 아이의 뜨거운 사춘기를 맛보고 나니 사례 하나하나가 딱 들어맞고, 문장 하나하나가 명문장임을 인정하지 않을 수 없었다.

허나 책을 던져버린 반응이 나만의 경우는 아닌 모양이다. 앞서 언급했던 서천석 선생님이 진행하는 팟캐스트를 들은 적이 있는데, 많은 부모들에게 하임 기너트 박사의 이와 같은 말을 소개하면 "그러면 아이와 할 말이 없겠어요"라는 반응을 보인다고 한다.

그의 조언을 빌리자면, 사춘기 아이의 부모는 길게 이야기하지 말고, 짧고 간단하게 아이의 말에 공감한 다음 가급적 아이가 길게 이야기하도록 기회를 많이 주면 된다고 한다. 그것이 바로 사춘기 자녀와의 대화법이란다.

사춘기 아이와 대화하는 나만의 대화법

여러 시행착오를 거치면서 내가 찾아낸 아이들과의 소통 방법 몇 가지를 소개해본다.

① 이모티콘 사용하기

아이가 자라면서 각자의 할 일이 있다 보니 아무래도 집에서 얼굴을 보기보다 휴대폰으로 문자나 톡을 자주 보내게 된다. 이때 해야 할 말만 전하는 것보다 재미있는 이모티콘을 사용하면 아이와의 관계가 훨씬 부드러워진다. 아이가 시험을 잘 보지 못했다고 속상해 하면 구구절절 아이의 마음을 위로하고 달래는 대신 간단하게 하고 싶은 말을 쓰고 그 아래로 "문어지지 마요(무너지지 마라)"라는 메시지의 '권투장갑 낀 파이팅 넘치는 귀요미 문어' 이모티콘을 보낸다. 또 엄마는 너에게 아무 것도 바라지 않는다고, 지금껏 네가 자라오면서 주었던 기쁨으로 충분하다고 적으면서 무한 사랑을 표현하는 깜찍하고 예쁜 이모티콘을 빵빵하게 띄운다. 그럴 때마다 아이는 활짝 웃는 이모티콘으로 화답했다.

② 아이가 좋아하는 것들을 그때그때 메모해두고 활용하기

영원히 품속의 아이일 줄 알았던 꼬마들이 어느새 훌쩍 자라서 나도 모르는 사이에 조금씩 변해갔다. 그렇게 바뀌다 보니 분명히 내가 알던 꼬마는 닭고기를 좋아했는데 어느 순간 닭고기는 쳐다보지도 않는 아이로 자라 있었다. 그래서 메모하기 시작했다. 하윤이가 좋아하는 것은 엄마와 팔베개를 하고 누워 도란도란 이야기를 나누는 것, 과일(그중에서도 사과, 배, 바나나는 싫어함), 미역국, 자연의 소리, 마카롱, 젤리, 마시멜로, 무민, 이상한 나라의 앨리스, 간장게장, 팝콘, 채끝살, 향수, 영화관 등 그렇게 메모해두었다가 한 번씩 서프라이즈 파티처럼 아이가 좋아하는 것을 선물해주었다. 그러면 아이의 얼굴에 함박꽃이 피어난다.

③ 엄마의 경험담 들려주기

엄마인 내가 초등학교에 입학했을 때 이야기, 좋아했던 남자아이 이야기, 친구와 싸운 이야기, 어릴 적 하고 놀았던 고무줄 놀이, 공기 놀이 등 나의 성장 경험담을 들려주었다. 이것은 하임 기너트 박사가 말한 '부모를 예로 드는 말'과는 그 의미가 다르다. 즉 나도 네 나이 때를 겪었으니 너의 문제를 다 알고 있다거나 내 방식이 맞으니 너는 내 말을 따르라는 말이 아니다. 그렇게 전달된다면 갈등을 유발하는 말이 된다. 하지만 나도 너와 비슷한 경험을 했고, 유년 시절과 십대 시절이 있었으며 그땐 참 어리석었지만 이렇게 잘 살고 있으니 너 역시 잘 살 수 있을 거라는 희망적인 이야기를 들려주면 아이는 자신의 미래를 불안해하지 않고 편안하게 받아들이게 된다. 그리고 엄마의 경험담을 또 듣고 싶어 한다.

④ 솔직하게 말하기

사춘기 아이와 대화를 하다 보면 처음엔 큰 문제가 아니었는데 이상하게 말꼬리를 잡고 늘어지면서 결국은 싸우고 마는 경우가 자주 발생한다. 의미 없는 말꼬리 잡기가 이어진다면 재빨리 꼬리를 끊고 본질에 다가가야 한다. "네가 이렇게 이야기했어." "아니야, 나는 그런 적 없어"라고 싸워 봐야 감정만 상하고 관계만 악화될 뿐이다.

"나는 진심으로 너와 잘 지내고 싶어. 어떻게 하면 내 마음이 너에게 닿을 수 있을까?"

"나도 노력하고 있어. 그런데 계속 내 노력이 부족하다고 말하면 나도 힘이 빠져서 더 노력할 마음이 생기지 않는단 말이야. 내가 잘한 것도 인정해줘."

"나는 진심으로 너를 사랑해. 그래서 걱정이 되는 거야."
마음의 벽을 허무는 데 있어 솔직하게 터놓고 진솔하게 말하는 것만큼 최고의 방법은 없다. 서로를 걱정하고 사랑하는 마음이 전달되면 고조되던 갈등 분위기는 한순간에 누그러지고 문제의 해결점을 찾게 된다. 그래서인지 서로 감정이 치달아 오를 때 이 방법이 아주 유용했다.

⑤ 엄마의 마음 들여다보기

이 시기의 아이와 대화가 힘든 건 부모인 우리가 아이에게 어렸을 때는 하지 않던 기대를 점점 많이 하고 있기 때문이다. 학교에 다녀오면 바로 숙제를 해야 하고, 학원에 다녀와야 하고, 좋은 성적을 받아야 하고, 상장도 받아야 하고, 친구들과 사이좋게 지내는 건 기본이고, 게임에 빠지면 안 되고, 너무 늦게 자도 안 되고…. 아이에게 거는 기대와 요구 수준이 끝없이 이어지기 때문이다. 그 모든 것이 소중한 내 아이가 잘 되라고 하는 말과 행동이지만 그 기대를 잘 살펴보면 나의 결핍과 관련되어 있는 경우가 많다. 사춘기 자녀를 키우는 부모는 무엇보다 자신의 내면을 잘 들여다보아야 한다.

엄마 공부 5

평소라면 하지 않을 일을 한 번쯤 해보는 건 어떨까요

"평소에 잘 하지 않는 일에 도전해보세요. '성장이란 하던 일을 하지 않고 하지 않던 일을 하는 것'이란 말이 있어요. 우리의 에고가 단단하게 거부하던 일을 하게 되면 이전에는 미처 경험하지 못했던 생각과 느낌, 감흥을 받게 될 가능성이 크답니다. 그건 마치 비밀의 정원으로 들어가듯 나의 시선과 공간이 열리는 기쁨을 안겨줄 거예요. 만화방에 간다거나 네일아트를 받는다거나 길거리 음식을 사 먹어 보거나 내가 가지고 있는 옷 중 가장 마음에 드는 옷을 꺼내 입고 하루를 보낸다거나 요리를 해서 가장 멋진 그릇에 담아 드셔보세요. 비싼 음식점에서 외식을 해보는 것도 좋아요. 평상시엔 잘 하지 않을, 하지만 가슴 뛰는 그런 일을 시도해보세요."

6

여섯 번째 씨앗

막연하지만 언제가 확실히 다가올 꿈

뒤에서 바라보고 선택을 믿어줘라

좋아하는 것의 힘은 아주 크다.
나의 기준과 틀 속에서 함부로 재단하지 말아야 한다.
모든 불안과 걱정은
아이의 몫이 아닌 부모의 몫인 것이다.
꿈이 없는 아이는 어쩌면 부모 때문에
꿈꾸기를 포기했는지도 모른다.

아이의 꿈을 부정하는 엄마

아이의 '꿈'이나 '진로'에 대한 이야기가 나오면 나는 첫째 아이의 소망이 가장 먼저 떠오른다. 그리고 떠올릴 때마다 기특함보다 먹먹하고 아픈 심정이 된다.

초등학교에 입학한 아이는 금세 학교생활에 적응해갔다. 입학 첫날부터 담임선생님으로부터 특목고 얘기를 들을 정도로 눈에 띄는 아이였고, 모든 면이 놀라운 아이라는 말을 들었다. 매일 해야 하는 숙제를 조금 힘들어했을 뿐 나머지는 무탈했다. 그래서 나 또한 많은 엄마들이 첫 아이를 학교에 입학시킨 뒤 가지게 되는 근심과 걱정들을 깨끗이 털고 새로운 일상에 임할 수 있었다.

그렇게 한두 달이 지나고 첫째 아이는 학교에서 돌아온 뒤 침대 위로 올라가 멍하니 누워 있곤 했다. 한 시간씩 때로는 두 시간도 좋았다. 아무 것도 하지 않고, 잠조차 자지 않고, 그냥 말똥말똥하게 눈을 뜨고 누워 있었다. 당시에 나는 책을 쓰던 중이었고, 아이의 유치원 생활을 통해 느낀 것도 있었기에 아이만의 쉼이 필요한 것 같아 그 모습을 모르는 채 지켜보았다. 다행히 그것 외에는 일상생활에서 아이의 행동이 달라진 것이 없고, 아이의 표정이 특별히 어두워진 것도 없으며, 침대에 누워 있는 횟수도 점차 줄어갔기에 큰 걱정을 하지 않았다.

하지만 1학년 2학기가 시작되면서 다시 학교만 다녀오면 침대로 가는 아이를 발견하게 되었다. 아무래도 이번에는 대화를 나눠봐야겠다고 생각했다.

"연수야, 침대에 누워서 무슨 생각해?"

그날 아이로부터 들었던 놀라운 이야기는 오랜 시간이 흐르는 바람에 모두 기억하지는 못하지만 대강의 내용은 생각이 난다. 신의 존재에 대해 궁금해했고, 세상의 많은 신들(알라, 하느님, 부처 등)과 그 신들의 연결고리에 대해 의문을 가지고 있었으며, 그렇다면 신과 인간의 관계는 무엇이며 인간으로 태어난 자신은 어떤 삶을 살아야 하는지 모르겠다고 말하는 아이.

참 놀라웠다. 동시에 두려웠다. '나는 초등학교 1학년 때 무슨 생각을 하며 지냈지? 초등학교 1학년이 저런 생각을 해도 되는 건가? 그것도 저렇게 심각하게 오랜 시간을? 게다가 나름대로 내린 결론이 어쩜 저렇게 훌륭할 수 있지?'

내 나이 서른 중반이 되도록 의문조차 갖지 않았던 수많은 궁금증들을 여덟 살 딸아이의 입을 통해 듣는 기분은 황홀함보다는 '이 아이를 잘 키울 수 있을까? 아는 것도 별로 없고, 경제적으로 윤택하지도 않은 내가 이 아이를 계속 잘 키울 수 있을까?' 하는 두려움이었다.

이후로도 아이는 이 고민을 잊지 않았다. 2학년 때는 다음과 같이 말했다.

"엄마, 나 드디어 결심했어. 내가 어떻게 살아야 하는지 말이야. 나는 역사에 이름을 남길 거야. 나는 신도 아니고, 동물도 아니고, 사람으로 태어났잖아. '호랑이는 가죽을 남기고 사람은 이름을 남긴다'는 말, 나는 그 말이 옳다고 생각해. 그래서 내 이름을 꼭 역사에 남길 거야. 어떤 일을 해서 역사에 남을지는 아직 결정하지 못했지만 나는 꼭 그렇게 할 거야."

4학년 때는 이런 말을 했다.

"엄마, 내가 역사에 이름을 남길 방법을 찾았어. 우리나라는 전 세계 유일한 분단국가잖아. 그러니까 이 분단국가를 통일시키는 주역이 된다면 내 이름은 역사에 남게 될 거야. 어때 엄마? 내 말이 그럴듯하지?"

깜짝 놀랐다. 초등학교 1학년 때 했던 고민을 4학년 때까지 잊지 않고 기억하는 줄은 생각도 못했다. 하지만 내가 더 놀랐던 것은 아이의 꿈을 들으며 내가 두려웠다는 사실이었다.

아이의 꿈과 진로 뒤에 숨어 있는 부모의 불안과 두려움

'헉! 통일? 그걸 네 힘으로? 가능하기만 하다면야 역사에 이름을 남길 수는 있겠지만 그걸 네가 하겠다고? 그 어려운 일을? 에고, 그렇게 위험한(?) 일을 하다가 소중한 내 딸, 생명에 지장이라도 있게 되면 어쩌려고? 그런 꿈은 싫은데….'

내 생각에 통일이라 하면 수많은 역사책과 영화에서 보았던 보이는 모습 뒤의 치열한 혈투, 스파이, 모략, 생명의 위협 등이 연관되어 떠올랐고, 그래서 잘못하다가는 목숨을 잃을 수도 있는 일이라는 생각이 들었다. 소중한 내 아이를 잃을 수는 없었기에 그날 나는 말할 수 없는 복잡한 감정을 느끼며 해맑은 얼굴로 자신의 꿈을 이야기하는 아이에게 미적지근한 반응만 보여주었다.

한동안 통일을 위한 구체적인 꿈을 그리던 아이는 외교관이라는 직업을 도출해냈다. 지금 돌이켜보면 아이는 외교관을 썩 마음에 들어 하지 않았다. 하지만 통일을 이루기 위한 구체적인 직업으로 우리 부부가 아는 거라곤 대통령과 외교관뿐이었다. 그 당시 반기문 전 유엔사무총장의 인기가 하늘을 찌를 듯 높았기 때문에 외교관에 관한 자료를 꽤 찾을 수 있었다. 그래서 우리 부부는 아이에게 외교관을 권했고, 우리 부부가 품어 줄 수 있는 그만큼의 틀 속으로 아이의 꿈을 몰아갔다. 아이는 딱 부모만큼 자란다는 것을 가슴 아프게도 그때는 몰랐다.

그런 첫째 아이가 5학년이 되었다. 어느 날 아무리 생각해도 자신은 외교관과 맞지 않는 것 같다며 슬픈 표정으로 말을 걸어왔다. 그때 나는 이런 말을 했다.

"엄마는 네가 언제나 행복했으면 좋겠어. 네가 역사에 이름을 남기기 위해 열심히 사는 것도 좋지만 그 과정 속에서 스트레스를 잔뜩 받으며 힘들어한다면 엄마는 좀 슬플 것 같아. 엄마는 네가 좋아하는 일을 하면서 그 일을 통해 행복하고 그 일이 다른 사람에게도 도움이 된다면 그것이 어떤 형태이든 기쁠 것 같아. 아직 어린 너는 너무나 많은 시간과 가능성들이 있으니 너에게 오는 모든 기회와 경험들을 소중히 여기고 체험하면서 천천히 알아가보자."

그렇게 나는 진정 아이의 행복을 최우선으로 여기는 훌륭한 부모인 양, 다른 어떤 사회적인 지위와 명예, 부와 권력은 중요하게 생각하지 않는 괜찮은 부모인 양 '행복 최고주의'를 피력했다. 그런데 갑자기 눈물 한 방울을 떨구던 아이가 말했다.

"엄마. 나는 그래야(역사에 이름을 남기고, 인류의 진화에 이바지해야) 행복할 것 같아."

그 순간 깨달았다. 나의 두려움 때문에 커다란 아이의 꿈을, 그런 큰 꿈을 꾸는 아이를 부정하고 있었다는 사실을 말이다. 또한 그 부정은 아이를 향한 것이 아니라 나 스스로를 향한 것이었음도 그때 알게 되었다. 아이가 꿈을 이루기 위해 나아가는 동안 상처 입고, 좌절하고, 힘들어할 모습을 곁에서 지켜볼 수 없을 것 같은 두려움 때문에 아이를 부정했다. 내가 힘들 것 같아서, 내가 감당할 수 없을 거라는 나에 대한 부족한 마음 때문에 아이를 지켜보는 내 가슴이 슬플까 봐 아이의 꿈을 부정했다. 그건 곧 그 모든 것을 감당하지 못할 거라고 판단한 나 자신에 대한 부정이었다. 아이가 꿈을 이루지 못한다면 그건 나의 실패이기도 하며, 아이의 성공이 곧 나의 성공이라고 여겼던 내 숨겨진 진실까지 마주하고 나서야 나는 미안한 마음에 펑펑 울었다.

나는 왜 아이의 꿈이 불안할까

깨달음은 늘 한 번의 자각으로는 부족하다는 걸 세 아이를 키우며 수없이 경험했다. 어리석은 나는 비슷한 실수를 계속해서 반복했고, 또 반복하고 나서야 하나의 깨달음을 가슴에 새길 수 있었다. 가슴에 새기기 전까지는 일상에서 매번 그 어리석음을 되풀이했다.

세 아이의 어린 시절, 우리 집엔 식탁 대화라는 문화가 있었다. 밥을 먹으면서 다양한 주제로 대화를 나누는 것이다. 아이들이 초등학교를 다니던 시기에는 가끔씩 신문에 기사화된 내용을 읽어주었는데 주로 아이들이 자라서 맞이하게 될 미래사회에 대한 이야기였다. 미래에는 한 사람에게 여러 가지 직업이 필요하고, 평생 학습이 중요하다는 얘기였는데 그런 얘기를 나누는 시간 속에서 어느새 아이들은 초등학교 고학년, 중학생이 되었다.

어느 날, 세 아이가 자신의 미래에 대해 꽤 불안해하고 자신 없어하는 것을 알고 충격을 받은 적이 있다. 학교 성적도 좋고, 영재원에 다니며, 관심 분야도 다양하고, 각 분야에 있어 수준도 높은 아이들이 왜 이렇게 자신의 미래에 대해 불안해할까 고민하던 어느 날 그 이유를 알게 되었다. 내가 식탁 대화에서 미래 사회의 변화와 아이들의 진로에 대해 이야기할 때마다 그 메시지의 밑바탕에 나의 미래에 대한 불안과 두려움을 함께 전달했다는 사실을 말이다.

"앞으로의 세상은 지금보다 훨씬 다채롭고 빠르게 변화하니 얼마나 삶이 풍성하고 즐겁겠니?"라는 삶에 대한 희망과 설렘을 주지 않고, "미래가 어떻게 바뀔지 모르는데 좀 더 자유로운 어린 시절에 다양한 경험을 하면서 네 자신을 알아가고, 네게 주어진 현실에 최선을 다하며 실력을 키워야 하지 않겠니?"라며 불안 가득한 마음을 숨긴 채 허울 좋은 말들만 내뱉었다. 그저 말로만 직접 전달하지 않으면 되는 줄 알았다. 눈빛으로, 음성으로 이미 전달하고 있었음을 그때는 몰랐다. 그렇게 나는 나도 모르는 사이에 나의 불안과 걱정, 두려움을 아이들에게 전해주었다.

아이들은 부모의 뒷모습을 보고 자란다. 그 뒷모습은 부모가 행동과 태도로 보여주는 삶의 겉모습뿐만 아니라 부모가 그들 내면에 가지고 있는 다양한 감정들까지도 포함된다는 것을 아이를 키우면 키울수록 뼈저리게 느낀다. 부모가 원하든 원하지 않든 아이에게 부모는 그렇게 거울이 된다.

아이의 꿈도 결국은 자존감의 문제

요즘은 공교육에서도 아이들의 진로교육에 많은 신경을 쓰고 있다. 전국의 중학생을 대상으로 실시하고 있는 '자유학기제'처럼 시험이나 학교 성적 대신 진로탐색에 주력하도록 교육환경이 바뀌었다. 또한 대학입학 수시 전형이나 특수 목적 고등학교 또는 영재교육원 등에서 요구하는 자기소개서에서도 자신의 꿈에 대해 이야기하게 한다. 이런 교육의 흐름이 올바른 방향으로 가고 있는 것은 맞지만 문제점 또한 많다.

그중 한 가지가 꿈이 없거나 자주 바뀌는 아이들이 느끼는 상대적인 불안감이 아닐까 싶다. 모두 자신의 꿈을 찾아 달려가고 있는데, 나만 아직 꿈이 없는 건가 싶은 조바심은 아이를 의기소침하게 만든다. 이럴 경우 부모는 아이만의 성향을 존중해주고 아이의 불안과 걱정을 녹일 수 있는 따뜻한 말을 지속적으로 해주어야 한다.

진로를 빨리 정하는 것만이 좋은 것은 아니며, 설령 대학을 졸업할 때까지 진로를 정하지 못하더라도 괜찮다는 메시지를 전달해야 한다. 우리가 알고 있는 성공한 많은 유명인들이 처음부터 확실한 꿈과 목표를 가지고 살아왔던 것이 아니라 그들도 차선, 차차선의 길에서 희열을 발견하고 그 길로 매진한 경우도 많다는 것을 알려주어야 한다. 중요한 것은 진로를 언제 결정하느냐의 문제가 아니라 '아이가 자기 자신을 어떻게 평가하느냐' 하는 자존감이 핵심 문제다.

첫째 아이가 나와 함께 진로에 대해 이야기를 나누다가 중학교 때 한 친구의 이야기를 들려준 적이 있다. 그 친구는 미용과 관련된 직업을 갖기 위해 학교 수업이 끝나면 미용 방면의 학원을 다니고 있었다고 한다. 어느 날 아이가 그 친구에게 "넌 나중에 너의 미용실을 차리고 싶니?"라고 물었는데 그 친구가 대답하기를 "난 그렇게까지는 바라지도 않아. 그냥 미용실에 취직이라도 되었으면 좋겠어!"라고 했다는 것이다.

미용실 원장도 아니고, 미용실에 취직하는 것이 꿈이라는 아이. 자신은 애초에 미용실을 차릴 만한 역량이 없다고 믿는 아이…. 그때 첫째 아이가 친구의 이야기를 들려주며 했던 말이 기억난다.

"엄마! 꿈을 꿀 수 있다는 것은 그 자체로 권력인 것 같아. 꿈을 이룰 수 있는 자격은 꿈을 꾸는 것에서부터 출발하는 거니까."

나는 그 말이 무엇을 의미하는지 완전히 이해한다. 내가 바로 꿈조차 꿀 수 없는 아이였으니까. 엄마에게 숱하게 맞으며 모진 독설을 들으면서 자라는 동안 나는 어린 시절 내내 엄마가 나의 친엄마일리 없다는 생각을 했다. 세상 어디엔가 나의 진짜 엄마가 있을 거라고 외롭고 슬픈 날이면 그렇게 진짜 엄마를 상상했다. 조금만 더 기다리면, 착하고 바르게 생활하고 있으면 나를 아껴주는 친엄마가 나를 데리러 올 거라고 믿었다.

어린 시절에 나는 아나운서가 되고 싶었고, 글 쓰는 작가(소설가)가 되고 싶었지만 '나처럼 내세울 게 없는 사람이 어떻게 감히 아나운서가 되고 작가가 될 수 있겠어'라고 되뇌며 늘 나는 안 될 거라는 생각을 했다.

아이의 꿈과 아이의 자존감은 부모가 아이에게 어떤 이야기를 들려주고, 어떤 마음으로 아이를 대하며, 부모 자신이 자기 자신과 삶을 어떻게 바라보느냐와 깊은 관계가 있다. 아이에게 어떤 직업을 가지라고 말하기 전에 아이와 아이의 꿈을 존중해야 한다. 너라면 그 꿈을 꼭 이룰 수 있을 거라고 지지해주어야 한다. 만약 그 마음이 되지 않는다면 스스로를 살펴야 한다. 아이의 꿈이 아닌 나의 꿈을 계속 강요하고 있다면 그것이 내 상처는 아닌지 돌아보아야 한다. 설혹 그 시간이 아플지라도 그렇게 건너간 시간은 나와 아이 모두를 행복하게 할 것이기 때문이다. 칼릴 지브란Kahlii Gibran의 말처럼 "그대의 아이는 그대를 거쳐 왔을 뿐 그대의 소유가 아니므로."

좋아하는 것과 잘하는 것 중에 무엇이 더 중요할까

세 아이가 초등학생이 되고 난 다음부터 계속 고민했던 것이 하나 있다. 아이의 진로를 결정할 때 좋아하는 것을 우선해야 하는지 잘하는 것을 우선해야 하는지에 대한 판단이었다. 그러다가 둘째 아이가 아홉 살 때 겪었던 피아노 사건을 떠올리며 나는 아이가 좋아하는 것이 더 중요하다는 결론을 내렸다.

둘째 아이는 일곱 살 가을에 처음으로 피아노를 배웠다. 방학마다 한 달씩 학원을 쉬었고, 그 중간에도 가고 싶지 않다고 하면 억지로 보내지 않았다. 그러다 보니 1년 6개월이 지나도록 체르니 100을 치고 있었다. 이것은 6개월이 되기 전에 체르니에 들어간 첫째 아이에 비하면 정말 재능이 없는, 그냥 딱 일반적이거나 조금 느린 수준이라고 볼 수 있었다.

그러던 어느 날 우연히 비디오 가게에서 '바비 시리즈'들을 빌려보다가 광고 속에서 〈바비의 백조의 호수〉를 보게 되었다. 둘째 아이는 "엄마, 나 〈바비의 백조의 호수〉도 빌려줘"라고 말했고 아이의 부탁을 들어주려고 비디오 대여점에 갔는데, 하필 그 비디오가 도난을 당했다는 것이다. 아이에게 그 말을 전하니 너무너무 보고 싶다며 비디오를 구할 수 있는 다른 방법은 없느냐고 물어왔다. 그렇게 며칠간 〈바비의 백조의 호수〉를 빌리려고 애를 쓰면서 너무나 간절히 원하는 아이의 마음이 안쓰러워 사서라도 구해줘야겠다고 마음을 먹었다. 그런데 온 인터넷을 뒤져봐도 품절이라 구할 수가 없었다.

다행히 아이가 〈바비의 백조의 호수〉를 빌려달라고 한 지 3주쯤 지나 그 사연을 알게 된 미국에 사는 지인이 편지와 함께 〈바비의 백조의 호수〉 DVD를 보내주었다. 그런데 그렇게도 비디오를 찾았던 첫날부터 DVD를 구하기까지의 시간 동안 아이에게 변화가 일어났다!

아무리 기다려도 자신이 원하는 〈바비의 백조의 호수〉 비디오를 볼 수 없던 어느 날, 둘째 아이는 우연히 언니의 피아노 악보에서 〈백조의 호수, 정경〉을 찾아내 그날부터 열심히 피아노를 치기 시작했다. 아침부터 일어나자마자 피아노를 치고, 밥을 먹다가도 치고, 책을 보다가도 치고, 학교에 다녀와서 가방을 멘 채로도 치고 그렇게 수시로 피아노 앞에 앉아 건반을 두들겼다. 언니랑 동생이 신나게 놀고 있어도, 비디오를 봐도 아랑곳 하지 않고 피아노를 쳤다. 당연히 학원에서조차 "현지가 달라졌어요!"라는 말을 들었다.

솔직히 처음에는 시끄러워 죽는 줄 알았다. 어찌나 뚱땅거리던지, 당시만 해도 아이의 피아노 실력이 그 곡을 연주할 수 있을 만큼 되지 않았고 악보 보는 법도 서툴러 소음에 가까운 소리를 계속 냈다. 그런데 끊임없이 피아노를 치더니, 어느 날 너무나 아름다운 멜로디를 악보도 없이 치고 있는 것이 아닌가.

그날 이후 둘째 아이의 자신감이 껑충 뛰어올랐다. 피아노 선생님께서도 아이의 악보 보는 눈이 눈에 띄게 달라졌다고 말씀해주셨고, 그 후 피아노를 치다가 마음에 드는 곡이 나타나면 또다시 무한 반복을 하면서 곡을 외울 때까지 치고는 했다. 그러면서 아이는 '피아니스트'가 되겠다는 꿈을 꾸었다.

한번은 피아노를 치고 있는 아이 옆을 지나가다가 훌쩍이는 소리를 듣게 되었다. '잉?' 하며 아이를 쳐다보는 순간, 피아노를 치다가 감정이 북받치는지 눈물을 흘리고 있는 모습을 발견하게 되었다. 깜짝 놀라 첫째 아이를 찾아가 물었다.

"현지가 피아노를 치면서 울고 있어."

"엄마. 몰랐어? 현지, 피아노 치면서 곧잘 울어. 자기가 치는 곡에 감흥을 받나봐."

피아노를 치면서 그 곡에 대한 감흥으로 눈물을 흘리는 아이! 훌륭한 피아니스트가 될지는 잘 모르겠지만 저렇게까지 빠져든다면 아이가 그리는 피아니스트의 꿈에 동조를 해야겠다고 생각했다.

이런 결심에는 또 하나의 이유가 더 있었다. 피아노에 빠진 이후 둘째 아이가 펼쳐서 읽는 책의 수준이 껑충 뛰게 된 것이다. 책 페이지로 따져보자면 초등 저학년 문고용 책을 건너뛰고 바로 3~4학년 수준의 줄글을 읽게 된 것이다. 피아니스트가 되겠다는 꿈을 꾸며 지내던 어느 날, 우연히 우리 집 책꽂이 한쪽에 꽂혀 있는 《운명의 음악가 베토벤》과 《음악 신동 모차르트》 책이 아이의 눈에 들어온 모양이다.

처음에는 책을 펼쳐서 읽고 있는 아이를 보면서 '아직 저 수준의 책을 읽을 정도는 아닌데. 뭐, 보다가 말겠지'라고 생각했다. 그런데 내 예상과 달리 너무 재미있다며 "엄마, 정말 신기해! 베토벤 책에 모차르트가 나와!"라며 진심으로 책 내용을 즐기는 모습을 목격하게 되었다. 또 하는 말이 "이 책처럼 두껍고 내용이 길면서 음악가가 나오는 책, 좀 더 사줘!" 하는 것이 아닌가. 피아노 덕분에 책 읽는 수준까지 갑자기 향상되어버린 아이의 모습이 참 놀라웠다.

그렇게 몇 개월간 아이를 지켜보며 참 많은 생각을 했다. 우선 첫 번째 확신은 '좋아하는 것과 잘하는 것 중 엄마인 나는 아이가 좋아하는 것을 믿어주고 지지하고 후원해야 한다'는 점이다. 물론 이것은 아이들이 더 어렸을 때 수많은 공주를 통해 깨닫게 된 명제이기도 했지만(동화 속 공주들을 좋아했던 아이들은 역사 속 실존 공주와 그들이 입었던 의상들을 통해 세계 역사의 흐름, 역사 속 위인과 공주들이 살았던 나라에 대한 관심으로까지 사고가 확장되었다) 아이가 직업이나 진로를 선택할 때까지는 확신이 없던 부분이었다. 매번 '그래도 될까? 날고뛰는 아이들이 얼마나 많은데, 그 아이들과 경쟁해서 살아남을 수 있을까?' 하는 생각이 들었던 것이다.

그런데 피아노에 몰입하는 둘째 아이를 보면서 저 에너지, 저 간절함, 저 열정이 처음엔 아무것도 아니라고 생각했지만 결국엔 잘하는 아이까지도 못 당할 만큼의 엄청난 힘이 있음을 알게 되었다. 그날 이후 나의 육아는 할 수 있는 한 아이가 좋아하는 것에 몰입할 수 있도록 지나치지 않게 배려해주는 쪽으로 기울었다.

아이가 좋아하는 것을 부모의 잣대로 재단해버리면 아이와 갈등만 남게 된다. 자신의 한계를 아이 스스로 느끼고 돌아서는 동안 얻게 될 많은 장점들 또한 얻을 수가 없다. 그 여정은 시간낭비가 아니라 아이가 그만큼 자신의 경험 세계를 넓혀간 것이다. 부모가 아이의 꿈을 재단하는 순간, 아이가 즐기는 것이 아이만의 매력과 무기가 될 수 있는 기회도 놓치게 된다.

아이가 싫다고 할 때는 그만두는 것이 옳을까

둘째 아이의 피아노 사건에는 한 가지 더 생각해볼 부분이 있었다. 아이가 처음 피아노를 배운 시점부터 피아니스트가 되고 싶다고 말해오기 전까지 아이는 그다지 피아노 치는 것을 좋아하지 않았다. 아니 더 정확하게 말하면 싫어했다.

처음에는 스스로 피아노 학원에 다니고 싶다고 했지만 나중에는 다니기 싫다고 꾀병도 부리고, 자주 빠지기도 했으며, 그냥 피아노 가방만 달랑달랑 들고 다닌다는 느낌이 들 정도로 피아노치는 것을 달가워하지 않았다. '저렇게 싫어하는데 다니지 말라고 해야 하나?' 하고 학원비를 낼 때마다 고민했다.

'그래그래. 싫은 걸 억지로 하면 안 되지!'라고 해야 할지 '싫더라도 무언가 꾸준히 해낼 수 있는 힘을 길러야지' 싶은 생각과 '내가 배우라고 한 것도 아니고 자기가 하겠다고 나섰으면 어느 정도 권태기도 스스로 극복해야 하는 게 아닐까?' 또 '피아니스트를 만들 것도 아닌데 그만두라고 할까?' '그래도 악기 하나쯤 배워두면 삶이 더 풍요로워지지 않을까?' 등등 아주 많은 생각 사이를 오르내리면서 매번 고민했다.

고민 끝에 나는 나중에 그만두더라도 배운 것을 완전히 잊지 않는 수준인 체르니 40까지는 피아노를 배우게 해야겠다고 마음먹었다. 이런 마음이 들었던 중요한 이유 중 하나는 언니와 동생보다 부족한 것이 많아 보였던 둘째 아이에게 "나는 피아노를 잘 쳐!"라는 무언가 하나쯤은 잘하는 것이 있다는 자신감을 키워주고 싶어서였다.

그래서 아이가 싫다고 할 때마다 방학 때는 무조건 쉬게 해준다고 약속하고, 방학까지 기다리기 힘들어하면 또 그 마음을 인정해주면서 주 5회 수업 중 네가 정말 가기 싫은 하루는 안 가도 좋다고 이야기해주었다. 또 피아노 선생님과 상의하여 학원에 머무는 시간과 숙제 양을 줄여달라고 부탁하기도 했다. 이러한 경험을 통해서 알게 된 것이 있다. 아이가 싫어할지라도 어느 정도 꾸준한 자극을 주고, 힘든 시기가 오면 그 시기를 잘 넘기도록 다양한 시도를 하는 것 역시 아이에게 도움이 된다는 것이다. 물론 그 시도가 너무 과하여 "너는 내 말을 무조건 들어야 해"라고 하는 것은 옳지 않다.

아이에게 자극을 줄 때는 지나침이 있어서도 안 되고 모자람이 있어서도 안 된다. 그 현명한 줄타기를 잘 해내는 것이 육아의 관건이다. 그러기 위해서는 평소 아이를 잘 관찰하고, 아이가 무엇을 좋아하는지 싫어하는지 알고 있어야 하며, 또 엄마와 아이 사이의 관계가 좋아야 할 것이다. 그래야 아이가 엄마의 말에 귀를 기울일 테니 말이다.

더불어 다양한 경험이 아이들에게 정말 중요함을 알아야 한다. 둘째 아이에게 비디오 가게에서 빌려본 '바비 시리즈'가 없었더라면 피아노에 대한 아이의 그런 꿈과 열정, 성장은 없었을 것이다. 매번 특별한 경험일 필요는 없다. 그저 우리가 줄 수 있는 한도 내에서 다양한 경험을 안겨준다면 아이는 그 속에서 자신만의 씨앗을 발아하여 멋진 꽃을 피워갈 것이다.

꿈을 향한 아이의 도전

첫째 아이가 초등학교 6학년 때 '특목고'에 가고 싶다는 말을 했다.

그래서 6학년 겨울방학부터 본격적으로 영어 공부를 시작했고, 영재원에 다녀보는 경험도 좋을 것 같아 도전을 한 후, 중학교 1학년 때부터 교육청 소속의 인문 영재원에 다녔다. 평소 글 쓰는 것을 좋아하고, 말하는 것을 즐기며, 책도 이과 쪽보다는 문과 쪽을 좋아했기에 당연히 진로도 외국어 고등학교나 국제고로 생각하고 있었다.

그런데 중학교 1학년 겨울방학 때 아이가 갑자기 하는 말이 "엄마, 만약 내가 고등학교 진로를 문과 쪽으로 정하게 되면 내 삶에서 과학 쪽은 다시는 만나기 어려울 것 같아. 그래서 마지막 기회라고 생각하고 과학 분야에 도전해보고 싶어. 나, 과학영재학교에 지원해 볼래"라고 했다.

아이는 초등학교 고학년이 되면서 다양한 도전을 했고, 도전을 할 때마다 많은 고민과 상담, 그 결과들을 지켜보면서 나 역시 느끼고 깨닫는 부분들이 많이 있었다. 그래서 아이를 지지해주고 싶었다. 마음을 먹은 이상 준비 없이 도전해서는 안 된다는 생각이 들어 이렇게 말했다.

"그래? 정말 멋진 생각이다. 한번 도전해보자. 인류 발전에 이바지하는 방법으로 과학 분야가 좀 더 현실적인 도움을 주기에 알맞다는 네 생각에 완전 동의해. 그런데 외교관이란 직업이 그랬듯이 막상 해보면 너와 맞지 않을 수도 있잖아. 그러니까 중학교 2학년, 1년 정도는 네가 과학 분야에 적성이 맞는지 알아보는 시간을 가지는 게 좋을 것 같아. 그 시간 동안 깨닫고 쌓은 경험으로 자기소개서도 쓰면 되니까 1석 2조라는 생각이 들어. 어때?"

그렇게 아이는 본격적인 수학 공부와 함께 다양한 도전을 하게 되었다. 우선 학교에서 열리는 과학대회에 보다 적극적으로 참여했고, 혼자서 문제집을 풀며 수학 선행을 해나갔다. 동시에 심화 학습도 필요한 것 같아서 사이버로 진행되는 'KAIST 영재교육센터' 수업을 듣기 시작했다. 이 수업은 인터넷으로 진행되는데 강의 형식보다는 과제 제출 중심으로 진행되며 프로그램 구성이나 수준이 높고 알차서 만족했던 수업이었다.

또한 과학에 대한 폭넓은 경험을 안겨주고 싶어서 신청했던 활동은 'KAIST 공학스쿨'이었다. 이 수업은 수업료가 비싼 대신 이공계 진로탐색을 위해 마련된 프로그램인 만큼 기계, 컴퓨터, 전기 등 수업시간에 배운 이론을 바탕으로 직접적인 활동을 해보는 수업이었다. 이론이 전부가 아니라 아이가 과학에 대해 깊고 자세하게 다양한 각도로 접근해볼 수 있는 프로그램이라는 점이 마음에 들었다.

그렇게 한 학기 동안 진행된 수업을 마치고 난 뒤 아이를 가르쳐주신 KAIST 공학스쿨 선생님 그리고 KAIST 영재교육센터 담당자분과 상담 차 전화 통화를 했다.

"아이의 특성이 문과 쪽이라고 생각하고 있었는데 갑자기 진로를 바꿔보고 싶다고 해서 진로탐색 차 이 수업을 듣게 되었습니다. 한 학기 동안 저희 아이를 지켜본 느낌을 말씀해주실 수 있을까요?"

"연수는 스스로 더 알고 싶고, 더 경험하고 싶다는 열의가 상당히 높은 학생입니다. 가르치는 사람의 입장에서 이런 학생을 만난다는 것은 정말 멋진 일입니다. 아이에게 생각거리를 제공하면 심사숙고한 후 자신의 생각을 정리해서 다시 전달합니다. 정말 더 가르쳐주고 싶은 학생이에요. 오늘 마지막 수업에서 자신의 관심분야를 정리해서 발표하며 자신의 생각을 설득력 있게 전달하는 수업을 진행했는데, 플라스틱을 대체할 수 있는 물질에 대한 연수의 발표를 듣고 많이 놀랐습니다. 자신의 생각을 논리적인 근거를 들어 정확히 설명하는 능력이 정말 탁월해요. 영어만 자유롭다면 지금 당장 해외 대학으로 유학을 권하고 싶을 정도예요. 아이의 탐구 의욕, 호기심을 가지고 더 알고 싶어 하는 그 열정을 유지할 수 있게 계속 도와주세요. 학원에서 스킬에 의존하지 말고, 더 알고자 하면 대학 교재를 보게 해주세요."

한 학기 동안 아이는 수업을 마치고 돌아와 선생님과 카톡으로 부족한 이야기를 나누었다. 선생님은 아이의 질문에 책이나 에세이를 소개해주시며 살뜰히 챙겨주셨는데, 그렇게 아이를 지켜본 선생님의 진심어린 조언을 듣고 있노라니 아이가 정말 기특하고 고마우면서도 한편으론 마음이 아팠다.

KAIST 공학스쿨 수업도 한 학기니까 보내볼 생각을 했던 거지, 경제적으로 여유롭지 않은 가정에서 아이의 열정을 지속적으로 키워주는 일이 너무 힘들게 느껴졌기 때문이다. 아이의 기본 역량은 정말 잘 키워준 것 같은데, 이것을 계속 유지할 수 있을까에 대한 걱정 때문에 생각이 정말 많아졌다. 비싼 수업료를 냈기 때문에 이런 좋은 선생님도 만나고 아이의 견문도 넓혀진 것이라고 생각하니 더 슬픈 생각이 들었다.

며칠 동안의 속상함을 뒤로하고 마음을 추스른 뒤 도전할 수 있는 만큼 해보자는 결심이 섰다. 그 후 영재학교에 입학하려면 어떻게 준비해야 하는지 본격적으로 알아보았는데, 알아보면 알아볼수록 맥이 풀리고 의욕이 꺾였다. 현재 우리나라에서 과학영재학교에 가려면 어렸을 때부터 엄청난 사교육과 선행을 해야 가능하다는 이야기를 너무 많이 들었기 때문이다. 설명회에 나온 선생님들은 사교육의 필요성을 말씀하시지 않았지만 합격한 아이들을 수소문하여 이야기를 들어보면 정말 놀랍기 그지없었다. 일찍부터 한 달에 최소 몇 십에서 몇 백만 원까지 들여 공부한 아이들이 대부분이었기 때문이다. 또한 매해 입시 경향이 바뀌는지라 어떻게 준비를 해야 할지

감조차 오지 않았는데, 그러한 정보들은 모두 학원에 다녀야 알 수 있는 시스템이었다.

결론은 사교육?

언젠가 우리나라 초등학생의 80퍼센트가 사교육을 하고 있다는 기사를 보았다. 사교육은 정말 필요한 것일까?

나는 아이마다 가정마다 그 필요 여부와 종류, 시작하는 시기가 다르다고 생각한다. 특히 아이가 자신의 꿈과 진로를 찾아가는 과정에서 부모와 주변 환경으로부터 더 이상 도움을 받을 수 없는 상황이라면 전문가를 찾아가 배워야 한다고 생각한다. 우리나라의 대표적인 진로교육전문가인 조진표 대표도 "좋아하는 분야에 대한 전문적인 교육은 꼭 필요하다"는 이야기를 했다.

꿈을 이루기 위해 건너가야 하는 과정에는 필히 경쟁이라는 관문이 있다. 그 경쟁에서 자신의 능력을 증명하려면 해당 시험에서 요구하는 최소한의 조건을 갖추어야 한다. 그 조건에 부합되지 않으면 아이의 독창적이고 멋진 역량도 보여줄 기회가 없다. 이것이 현실이다. 현실에 불합리가 있든 없든 이게 현실이고, 우리는 현실 속에서 살아가야 하므로 이상은 높고 멀리 세우더라도 내가 발 딛고 있는 현실을 무시해서는 안 된다고 생각한다.

하지만 나는 아이의 꿈과 진로, 생각과 상관없이 부모의 불안으로 일단 보내고 보는 사교육은 반대한다. 섣불리 접근하면 부모와 아이의 관계뿐 아니라 학습에 대한 아이의 욕구조차 부정적으로 만들어 버릴 가능성이 크기 때문이다.

육아는 뿌린 대로 거두는 것이다. 열심히 뿌리면 뿌린 만큼 거두게 되어 있다. 다만 지금 부모인 내가 뿌리고 있는 씨앗이 어떤 씨앗인지 알아야 한다. 또한 그 씨앗이 아이라는 흙을 만나 어떤 결과를 거둘지도 어느 정도 예측해야 한다. 학원을 보내면 성적이 올라갈 수 있다. 즉 학원이란 씨앗이 성적의 올림이란 결과를 만들 수 있다. 하지만 반대로 학습에 대한 흥미 반감, 지루함, 재미없음, 무기력이란 싹을 틔울 수도 있음을 염두에 두어야 한다. 그러므로 학원을 알아볼 때는 지금 내 아이에게 도움이 되는지, 언제 가면 좋은지, 얼마나 다니면 좋을지도 어느 정도 고려해야 한다.

그러려면 내 아이에 대한 파악이 먼저다. 더불어 파악을 했다고 해서 끝이 아니다. 씨앗을 심고 나면 날씨에 따라 물을 주고, 잡초를 뽑고, 거름을 주어야 하듯이 지속적으로 관찰하고 보살펴야 한다. 최근에 아이가 학원을 계속 빠지고 싶어 하는 이유가 무엇인지, 왜 학원 숙제를 잘 하다가 안 하고 있는지 그 이유를 알고, 어떻게 해결하면 좋은지 등 꾸준한 관심이 필요하다. 부모의 욕심과 불안에 의해서가 아니라 온전히 아이에게 초점을 맞춘 애정 어린 눈길이 꼭 필요하다.

결국은 선택의 문제

오래 전부터 알고 지낸 남자아이가 한 명 있다. 어려서부터 얼마나 영특한지 그 아이와 대화를 나누다 보면 호기심에 가득 차 반짝이는 눈이 정말 사랑스러웠고, 어린 입술로 내뱉는 과학 지식이 기특하기 그지없었다. 당연하게도 아이는 자라는 동안 줄곧 영재원 교육을 받으며 각종 과학대회를 휩쓸고 다녔다.

그 아이가 중학교 3학년 때였다. 마침 내가 그 집을 찾아간 것은 아이의 중간고사 기간이었다. 언제나 아이를 배려하고 사랑이 넘치던 모자 관계였는데 그 중간고사 기간에 나는 조금 놀라운 광경을 목격했다.

"아들, 이번 시험은 정말 중요해. 1점도 감점이 되면 안 된단 말이야. 요즘 대외 수상실적보다 학교 내신을 더 중요하게 생각하는 거

알지? 그러니까 조금의 실수도 해선 안 돼. 독서실 가서 딴짓하지 말고 공부 열심히 해. 알겠지?"

아이를 배려하던 내가 알던 그 엄마가 아니었다. 여느 엄마들처럼 아이의 시험과 성적에 촉각을 곤두세우며 말끝마다 아이를 채근하는 모습이었다. 그 아이가 영재학교 시험에서 떨어진 후 엄마에게 한 말이 "어렸을 때 나는 정말 수학과 과학이 재미있었어. 그런데 어느 순간부터 수학과 과학은 사라지고 입학만을 위해서 하기 싫은 공부를 억지로 참으며 했어. 엄마가 그래야 된다고 해서!"라고 분노하며 엄마에게 모든 원망을 쏟아냈다고 한다. 또 학교에서 집에 돌아오면 보란 듯이 컴퓨터 볼륨을 높이고 게임을 하고, 웹툰을 보면서 암묵적인 시위를 했다고 한다.

초등학교부터 중학교 3학년까지 엄청난 양의 공부를 해온 아이들 중에 영재학교 탈락 소식을 듣자마자 깊은 방황을 하는 아이들이 많다. 지인 중에는 "떨어져도 괜찮아요. 반항해도 괜찮고, 방황해도 다 괜찮아요. 어렸을 때 미리 공부를 해두면 영재학교나 과학고에는 떨어져도 일반 고등학교에 가서 이미 해둔 공부가 있기 때문에 수월하게 전교 등수를 차지할 수 있어요. 지금은 날 미워하고 싫어하겠지만 나중에는 고맙다고 얘기할 거예요"라고 말하는 분이 있다.

육아에 정답은 없고 각자의 선택만이 있겠지만 글쎄, 나는 좀 아닌 것 같다. 그러면서 드는 생각은 '이 분은 도대체 어떤 상처를 가지고 있기에 아이를 이렇게까지 몰아세우는 걸까' 궁금했다.

아이의 꿈과 진로 찾기의 방향

첫째 아이가 3년 반의 사춘기를 보내는 동안 다시 한번 진지하게 진로에 대한 고민을 한 적이 있다. 그때 공부 대신 심리 관련 서적들을 읽고 모임에 열심히 참석했는데(그때 학교 공부에서 손을 놓았다), 어느 날 '정신과 의사'가 되고 싶다는 이야기를 꺼냈다. 그때가 고2가 시작되기 전 봄방학 무렵이었다.

정신과 의사가 되려면 의대에 진학해야 하는데 문·이과 교차 지원이 가능한지, 또 내신과 정시의 비중은 어떻게 되는지, 현재의 성적에서 무엇을 더 신경 써야 입학이 가능한지 등 여러 가지를 알아보았다. 그런 아이에게 누군가가 정신과 의사에 대한 막연한 환상이나 꿈을 꾸기보다 이참에 수소문을 하여 현직에 종사하는 정신과 의사 선생님을 찾아가 구체적인 조언을 들어보라고 한 모양이다.

수소문 끝에 개인병원의 정신과 의사 선생님 한 분을 만나게 되었다. 어떤 질문을 할지는 아이가 준비했는데 자신이 정신과 의사가 되려는 이유부터 인턴, 레지던트를 거쳐 전문의가 되기까지의 과정, 또 그 후의 삶과 직업적인 스트레스 등 다양한 질문을 했다. 그때 선생님의 상세한 답변을 들으며 우리나라에서 정신과 의사로 산다는 것이 어떤 삶이며 어떤 의미인지 명확하게 그려볼 수 있었다. 역시 막연하게 생각하는 것과 구체적으로 알아보는 것에는 큰 차이가 있음을 알게 되었다.

예를 들어 정신과 의사는 사람의 마음이나 정신을 치료하는데 이것은 다른 의료 분야 쪽보다 성과가 눈에 띄게 드러나지 않고 치료에도 시간이 많이 걸린다고 한다. 그래서 일을 통한 성취감을 바로바로 느끼기가 어렵고 이것을 잘 견디지 못하면 의사 역시 무기력이 온다. 또 일반 의사들의 경우 환자들이 필요에 의해서 자발적으로 병원을 찾아와 치료를 받기 때문에 의사를 존중하는 경우가 많은데, 아직까지 우리나라 정신과 의사는 지속적인 치료가 필요하다고 환자에게 얘기를 하면 대부분의 반응이 "나는 아무 문제가 없다. 지금까지도 잘 살아왔고 앞으로도 그럴 거다. 자기들 돈 벌려고 별소리를 다 한다"는 반응을 보인다고 한다.

뿐만 아니라 환자들 중에는 의사에게 환상을 가지는 경우도 있는데 마음을 열고 다가가는 일이기에 그런 망상을 품게 될 수 있으니 의사가 주의해야 된단다. 또 종종 환자들에게 맞거나 찔리기도 하는

데, 그건 외과 의사 역시 수술이 잘못되었다고 환자나 그 가족들이 거칠게 항의를 하는 경우가 있기 때문에 그런 위험성은 의외로 정신과나 다른 과나 비슷하다고 했다.

정신과 의사를 만나고 돌아온 아이는 한동안 '내가 정말 정신과 의사가 되고 싶은지'에 대해 고민을 많이 했다. 그러면서 본과 6년, 인턴 1년, 레지던트 4년을 마쳐야 하고, 또 환자의 치료에도 시간이 많이 걸리는 직업의 특성이 빠른 결과물을 선호하는 자신의 성향과 맞지 않는 것 같다는 말을 해왔다. 그리하여 아이는 다시 자신의 진로에 대해 고민하기 시작했다.

잘하는 것이 많고 하고 싶은 것이 많다 보니 아이는 진로탐색 시간이 꽤 길었다. 그런 아이의 모습을 지켜보면서 나 역시 때로는 '일단 공부부터 하고 나서 진로는 나중에 선택해도 되지 않을까' '왜 첫째 아이는 목표를 세우지 않으면 현재 해야 할 일도 제대로 꾸려가지 못할까' '답답하다, 이러다가 세월만 보내겠네' 하는 부정적인 시선으로 아이를 보기도 했다.

하지만 이제는 이런 시행착오를 거치며 성장하는 아이가 참 예쁘다. 살아보니 인생에서 실패라는 것은 존재하지 않는다는 걸, 내가 지나온 모든 길에는 이유가 있고, 그 걸음들이 현재의 나를 더 단단하게 한다는 것을 알고 있기에 아이의 모든 고민과 시도들이 아름답게 느껴진다. 물론 이것이 가능하기까지 내게도 참 많은 시간이 필요했다.

대체 언제까지 고민만 할 거냐고, 세상 사람들 모두 자기 입맛에 딱 맞는 무언가를 하면서 살아가지 않는다고, 끝없는 고민보다 차라리 무언가를 해보고 그때 판단해도 늦지 않을 수 있다고 나 역시 나의 좁은 틀에 아이를 가두고 네 행동이 틀렸다는 메시지를 여러 번 보냈다.

생각의 정리가 끝나지 않으면 몸으로 실천하지 않는 아이를 지켜보며 그 아까운 시간들을 마냥 허송세월하는 것 같아서 늘 안타까웠다. 그렇게 아이가 흔들릴 때마다 나 역시 흔들렸고, 아이가 휘청거릴 때마다 나는 더 큰 갈지자를 걸으며 출렁거렸다. 하지만 이제는 달라진 내 모습을 본다. 나의 내면을 들여다보며 걸어온 시간들이 나 자신과 아이의 시행착오들을 믿게 했기 때문이다.

나는 언제나 아이를 응원할 것이다. 설혹 아이가 가고자 하는 길이 다시 또 두르고 둘러 많은 시간을 낭비하는 일이 된다 할지라도 그 모든 경험은 과정일 뿐이고, 자신이 겪지 않은 시행착오는 그 무게감이 부족함을 알기에 그저 아이가 자신의 삶을 살아갈 수 있도록 넉넉한 눈과 품으로 지켜볼 것이다. 그 세월들이 가슴 시리고, 때론 묵직한 무언가가 치밀어 오르더라도 그건 나의 몫이지 아이의 몫이 아님을 다시 한번 마음에 새기며, 언제든지 아이가 돌아와 쉬었다 갈 수 있는 그런 엄마가 되기를 희망한다.

자신의 색깔을 스스로 찾는 아이

막내 아이는 어려서부터 하고 싶은 것이 참 많았다. 뭐든지 하고 싶어 했고 뭐든지 배우고 싶어 했다. 자라는 동안 피아노를 배우면 피아니스트가 되고 싶어 했고, 발레를 배우면 발레리나가 되겠다고 했다. 그림 그리는 걸 무척 좋아해 매일 여러 장의 그림을 그리면서 화가가 되고 싶다고 했고, 자기만의 소설을 쓰고 있다며 작가가 될 거라고 했다. 조금 더 자라서 초등학교에 들어가더니 과학자가 되고 싶다며 과학영재원에 지원했고, 육상부에 지원했고, 영어 노래 부르기 대회에도 참여하는 등 아이는 살짝 과하다 싶을 정도로 무엇이든 욕심을 내며 하고자 했다. 그 모든 것을 한 번에 하나씩 도전하는 것이 아니라 동시에 진행을 하면서 참 바쁘게 지냈다.

그런 아이를 바라보며 여건이 되는 한 아이를 따라가려고 했지만 셋 중에 가장 많은 시행착오를 한 아이가 막내였다. 아이를 키워온 세월 동안 아이들이 원하는 것들과 내가 꿈꾸는 육아의 방법들을 모두 실천할 수 있는 가정환경이 아니었기 때문에 더욱 그랬다.

세 번이나 실패한 남편의 사업과 나의 급성 허리디스크파열로 인해 뜻하지 않게 육아에 소홀했던 적이 많았다. 돈이 드는 교육보다는 집에 있는 책들을 읽으며 놀고 동네 한 바퀴를 돌거나 뒷산 또는 공원을 다니며 일상에서 자유롭고 깊게 자신의 잠재력과 가능성을 키워가면 좋으련만 막내 아이는 계속 무언가를 배우고 싶어 했다. 친구들이 피아노 학원을 다니면 자기도 다니고 싶어 했고, 친구들이 발레 학원을 다닌다는 걸 알면 자기도 하고 싶어 했다.

가정환경과 아이의 성향이 딱 맞으면 참 좋았을 텐데 막내 아이의 경우엔 어긋날 때가 더 많았다. 내가 더 많이 살았고, 아이를 잘 키우는 방법을 누구보다 잘 알고 있으며, 우리의 가정형편도 있으니 엄마가 하자는 대로 따라오라며 막내 아이와 은근한 줄다리기도 많이 했다. 그 많은 어긋남 끝에 막내 아이의 또 다름을 인정하기까지는 많은 시간이 필요했다. 그 세월 동안 나의 부족함이란 씨실과 그래도 좋은 환경을 주고자 노력해왔던 날실이 교차하며 감사하게도 막내 아이는 자신의 색깔대로 잘 자라주었다.

한번은 영재원에서 '곤충 표본 만들기' 수업을 진행한 적이 있었다. 찌그러진 사슴벌레를 뜨거운 물에 넣고 불려서 표본을 만드는 것이었는데, 이상한 냄새도 나고 보기에도 징그러워 많은 아이들이 적극적으로 수업에 임하지 못했나 보다. 그런데 막내 아이는 어차피 해야 할 일이라면 빨리 해치우는 것이 낫다는 생각으로 집중했고, 그러다 보니 1등으로 표본을 만들었다고 한다. 교수님마저도 이렇게 빨리 잘 만들어온 아이는 처음 보았다며 칭찬을 잔뜩 해주셨는데 수업이 끝나고 그 이야기를 전해주는 아이의 얼굴이 무척 뿌듯해보였다.

그런 아이를 바라보며 이러한 경험을 어떻게 확장시켜줄 수 있을까 고민하다가 방학을 이용해 해부 수업에 참여해보지 않겠냐고 물어보았다. 기뻐하는 아이와 함께 목동에 위치한 '한생연'에서 해부 수업과 수술 수업을 하게 되었다. 지금도 가끔씩 그때 이야기를 할 정도로 아이는 그 경험을 좋아했다. 미국 드라마 〈그레

막내딸 하윤이가 초등학교 5학년 때 그린 그림들

이 아나토미〉에서 외과 의사들이 수술 전에 끼던 장갑을 직접 끼고 해부를 했다며 즐거워했고, 첫 수업에서 쥐를 해부한다는 사실에 긴장을 했지만 막상 해부시간이 되니 긴장감은 사라지고 오히려 재미있었다는 이야기도 들려주었다.

쥐의 중성화 수술을 진행했을 때 마취를 시켰던 쥐가 외피를 절개한 상태로 깨어난 경험도 전해주었다. 정말 깜짝 놀랐고 겁이 났지만 그 시간 동안 생명의 소중함을 역으로 느꼈다고 했다. 돼지의 위와 신장, 허파 등을 해부하고 나면 약품 냄새나 해부의 잔상이 남아 식욕이 떨어질 만도 한데 아이는 그런 증상이 전혀 없었고 밥도 잘 먹었다.

그런 모습들을 지켜보며 외과 의사를 하면 '딱'이겠다는 생각이 들었는데 아이는 제발 섣불리 어떤 직업을 가지라고 얘기하지 말라며 단칼에 엄마의 바람을 꺾었다. 딱 한 발짝만 앞서 가야 하는데 또 세네 걸음 앞서 나간 나 자신을 반성하며 그렇게 한 걸음씩 아이와 합을 맞춰나갔다.

초등학교 5학년 때는 학교 대표로 '학생 성장스토리 포트폴리오 대회'를 나간 적이 있다. 약 한 학기 동안 자신의 꿈과 진로에 대한 로드맵을 그리고, 그 꿈을 이루기 위해 스스로 실천하고 체험한 내용을 심사하는 대회였다. 그때 아이는 자신의 책에 직접 삽화나 그림을 그리는 작가가 되고 싶다고 했다. 그 대회 이후로 아이는 일주일에 두 번씩 초등학교를 졸업할 때까지 미술 학원에 다니며 즐거운 추억을 쌓기도 했다.

꿈이 없는 아이들은 정말로 꿈이 없는 걸까

막내 아이는 어려서부터 향기를 참 좋아했다. 그러다 보니 집에서 향수를 만들어보겠다고 여러 가지 꽃을 이용해 다양한 방법으로 향수를 만들며 놀았다. 한동안 잠잠하더니 중학생이 되어서 다시 향수에 빠졌다. 세상에서 가장 좋은 향기, 자기가 좋아하는 향기를 찾고 싶다며 올리브영, 왓슨스, 토니모리, 백화점, 면세점 등 자기가 다닐 수 있는 모든 기회를 활용하여 향기를 찾으러 다녔다. 종종 좋은 향을 발견하면 자신의 용돈으로 사오기도 하고, 내가 사주기도 하며 즐겁게 향기를 찾아다녔다.

웬만한 향수의 향을 모두 맡아보았지만 자신이 원하는 향이 없다며 새로운 향기를 찾아 샴푸, 비누, 보디워시, 심지어 섬유유연제 향기까지 맡으러 다녔다. 그때 내 불안이 건드려졌다. '이러다가 나중에는 본드 냄새까지 맡으려는 게 아닐까?' 덜컥 두려움이 올라왔다.

더 이상 향기를 찾아다니지 말라고 해야 하나 싶은 생각이 들었다.

고민 끝에 첫째 아이의 의견이 듣고 싶어서 하윤이가 요즘 향기 맡는 것을 너무 좋아하는 것 같다는 말을 살짝 띄운 적이 있다. 그랬더니 대뜸 한다는 말이 "어머, 우리 하윤이는 조향사가 되면 좋겠다! 하윤아, 네가 원하는 향기가 세상에 없다면 네가 조향사가 되어서 만들어보는 거 어때?" 하는 게 아닌가.

그때 알았다. 그 두려움은 오로지 나의 것이었다는걸! 그리고 감사하게도 또 하나를 깨달았다. 두렵고 불안이 많은 내가 아이를 키웠지만 세 아이는 내가 아니라는 사실을. '대물림'이란 것이 있지만 아이가 나의 나쁜 점을 모두 물려받지는 않는다는 것을 말이다. 내가 상처도 주었으나 사랑 역시 주었으므로.

영화 〈비포 선라이즈〉를 보면 이런 대사가 나온다.

> 우리 부모님은 나한테 사랑에 빠지는 일이라든가, 결혼이나 양육에 대해 얘기 했던 적이 한 번도 없어. 아주 어릴 때도 부모님은 내가 선택해야 할 직업에 대한 이야기만 하셨지. 실내 장식가라든가 변호사라든가 그런 거 말이야. 내가 아빠에게 "기자가 될래" 이러면 아빠는 "언론인이 되렴" 하셨고, 내가 "집 없는 고양이를 보살필래" 이러면 "수의사가 되렴" 하셨지. "배우가 될래" 그러면 아빠는 "TV 앵커우먼이 되렴" 하

셨어. 나의 귀여운 야망을 매번 소위 잘나가는 직업들과 연관시켰지.

영화를 보는 내내 기차 안에서 만나 사랑을 느끼는 셀린과 제시의 아름다운 이야기에 넋을 잃다가도 영화 속 그 대사에 오래 머물렀던 것은 '나는 절대 저런 부모가 되지 말아야지' 하는 생각 때문이었다. 하지만 나 역시 아이를 낳고 기르다 보니 어느새 영화 속 셀린의 아버지처럼 이왕이면 먹고살기에 충분한 직업, 기왕이면 보기에도 그럴듯한 직업을 바라며 욕심을 부리고 있었다.

좋아하는 것의 힘은 아주 크다. 아이가 좋아하는 것을 나의 기준과 틀 속에 집어넣고 함부로 재단하지만 않는다면, "그거 해서 밥은 벌어먹고 살 수 있겠냐"고 "겨우 그거 하려고 내가 이 고생을 하며 너를 키우는 줄 아느냐?"고 반대하지 않는다면 아이는 자신의 꿈을 이루기 위해 신나게 또 열심히 달려갈 것이다. 그 뒷모습을 바라보며 올라오는 모든 불안과 걱정은 아이의 몫이 아닌 부모의 몫이다. 꿈이 없는 아이는 어쩌면 자신의 꿈을 거세시킨 부모에 의해 꿈꾸기를 포기한 것인지도 모른다.

마이크 맥매너스Mike Mcmanus의 《가슴 두근거리는 삶을 살아라》에서는 아동교육을 전공한 저자의 경험이 소개된다. 결석 일수가 많고 성적과 품행이 좋지 않은 중학교 3학년 학생들을 모아 형식적인 커리큘럼을 무시하고 오직 아이들의 '취미와 관심사'를 중심으로 수업을 진행해본 것이다. 학생들 대부분이 낙제를 했거나 잦은 결석으로 유급된 상태였고, 교사의 말을 듣지 않고 제멋대로 폭력을 휘두르던 아이들이었는데 그 수업으로 아이들이 변하기 시작했다.

스티브는 전교에서 가장 난폭한 아이였다. 개교 이래 이런 학생은 처음이라며 사람들이 비난하면 할수록 위협과 구타를 일삼는 그의 횡포는 날로 더해갔다. 수업이 진행되는 오랫동안 스티브는 마음을 굳게 닫고 자신의 관심사에 대해 아무 말도 하지 않았다.

그러던 어느 날, 자신의 꿈을 말해왔다. 장래희망은 프로 복서지만 가족과 친구들로부터 바보라는 소리를 듣게 될 것이 두려워 계속 숨겨왔다고 했다. "복서라니, 앞으로 어떻게 먹고살려고 그래? 내가 너를 권투선수 시키려고 학교에 보낸 줄 알아?"라고 비난받을 게 뻔하다고 믿고 있었다.

하지만 스티브는 프로 복서가 되는 일 외에는 어디에도 관심이 없었다. 그래서 나는 스티브에게 교과서 대신 〈복싱〉이라는 월간지를 주었다. 또한 스티브는 미국의 프로 복싱사를 공부하면서 역사를 배웠고, 링의 면적을 계산하는 등 링 모형을 가지고 수학을 공부했다. 그리고 잡지에 나온 단어의 철자를 익히면서 복싱에 대해 글을 쓰거나 발표하며 결국 필수과목을 모두 이수할 수 있었다. 더욱 놀라운 것은 스티브가 교실 안팎에서 다른 사람들과 잘 지내게 되었다는 사실이다.

줄리의 관심은 오로지 남학생들에게 쏠려 있었다. 그래서 나는 그녀에게 이성 관계에 대해 공부해보라며 '틴에이저 잡지'를 교재로 주었다. 복도에서 남학생을 쳐다보며 수군거리기를 좋아하던 줄리는 얼마 되지 않아 많은 사람들 앞에서 연애와 결혼에 대해 당당하게 연설할 수 있게 되었다.

제이드는 선원이 되는 것이 꿈이었다. 그래서 '선원용 매뉴얼'을 교재로 선택했다. 그는 하루 빨리 선원이 되기 위해 공부를 시작했고 그것을 발판으로 무역업에도 관심을 갖게 되었다.

– 마이크 맥매너스 《가슴 두근거리는 삶을 살아라》 중에서 발췌

나의 지인도 야구를 좋아하는 아들에게 야구와 관련된 다양한 경험을 제공했다. 함께 야구경기를 시청하며 타율과 방어율을 계산하고, 각 구단 선수들의 기록이나 야구의 역사 등 야구와 관련된 책을 읽고 대화를 나눴다. 직접 경기를 보러 가기도 하고, 야구 영화를 보는 등 아들이 좋아하는 야구를 더 좋아할 수 있게 환경을 만들어주었다. 당연히 아이는 이전보다 수학을 좋아하게 되었고, 책 읽기를 즐기며, 여러 방면으로 성장하게 되었다. 아이를 따라가면 된다. 진로 역시 거기에 답이 있다.

아직 꿈과 진로를 정하지 못한 아이들을 위한 조언

우리 아이는 꿈이 없다며 속상해하는 어머니들이 있다. "아이에게 꿈만 있다면 그것이 무엇이든 지지하고 격려할 텐데"라며 걱정을 하신다. 나 역시 아이들이 초등학교를 다닐 때까지는 꿈과 진로에 대해 여유 있게 지켜보았는데, 중학생이 되고 난 다음부터는 조바심 난 적이 여러 번 있었다. 아이들 스스로 특목고를 가고 싶다고 해서 입학설명회를 다녀보고, 자기소개서 작성 요령을 알려주는 특강 등 다양한 강연을 들어보았는데 그 모든 것의 기본은 아이의 꿈과 진로, 진학 방향을 잡는 것임을 알게 되었기 때문이다.

세 아이 역시 스스로 꿈을 정하고 체험을 해보며 그 꿈이 자신과 맞는지 탐색해가는 과정에서 내가 진정 무엇을 좋아하고 무엇을 해야 하는지 잘 모르겠다고 말한 적이 자주 있었다. 그때마다 아이를 어떻게 이끌어주어야 하는지 많은 고민을 하며 주변 사람들에게 조언을 듣거나 책을 찾아보았는데, 내가 도움을 받았던 몇 가지 경우를 소개해보려 한다.

① 조금이라도 관심 있는 진로 하나를 정해 그 분야를 탐색한다

우리나라 입시에 관한 현실적인 정보와 조언을 해주는 '스터디 홀릭'의 강명규 대표는 설혹 평생을 가져갈 진로가 아니더라도 일단 하나를 정하라고 이야기한다. 그리고 그 일에 대해 알아보고, 탐색해보며 나와 맞는지 체험해보라고 권한다. 그 과정에서 결국엔 그 일을 택하지 않는 순간이 오더라도 지나온 시간들만큼 진로에 대해 세상과 자신에 대해 알게 되니 그것은 의미 있는 일이 된다고 조언했다. 그렇게 하나의 진로 혹은 분야 당 최소 3개월 정도의 시간을 투자해 알아보면 좋다고 했다.

이 이야기에 힘입어 첫째 아이는 더 늦기 전에 과학 분야에 대한 진로탐색을 해보기로 결정하고 과학올림피아드 대회, KAIST 영재교육센터, KAIST 공학스쿨 등을 체험하며 의미 있는 시간을 보냈다. 그때 아이는 공학보다 기초과학 분야가 자신과 더 맞는 것 같다며 배움의 즐거움에 빠져들기도 했는데, 결국은 '국제고'라는 문과 계열로 진학을 했다. 하지만 나는 그 모든 시간이 아이에게 소중한 자산이 되었다고 생각한다. 인간은 경험치만큼 성장하고 '나'라는 한 인간은 경험의 총체이기 때문이다.

② 직업과 관련된 책을 읽으며 원하는 분야를 찾아 탐색해본다

진로와 적성에 대한 사회적 관심이 커지면서 어린 연령대의 아이들도 쉽게 읽을 수 있는 다양한 진로, 꿈, 직업 관련 책들이 쏟아져 나왔다. 쉽고 재미있게 때로는 만화 형식으로 나와 있는 책도 많으니 참고하면 좋을 것이다.

막내 아이가 작가가 되고 싶다고 할 때 《한 권으로 보는 그림 직업 백과》라는 책을 보며 '작가'에 대해 찾아본 적이 있다. 책에는 '이런 점은 힘들어요'라며 작가의 고충을 적어 두었는데 그 내용이 막내 아이에게 신선하게 다가간 모양이다. 작가는 책상에 앉아 글만 쓰는 것이 아니라 작품에 필요한 정보를 수집하기 위해 유적지, 도서관, 공연장, 공장 등 여러 곳을 방문하여 관찰 및 조사를 하고, 필요한 경우에는 인터뷰도 해야 하는 활동적인 면이 있어야 한다고 쓰여 있었기 때문이다.

내가 하고 싶은 일에 대한 구체적인 그림을 그리고 그에 맞는 준비를 하는데 있어 직업과 관련된 책은 도움이 된다. 그렇게 알아낸 한 분야에 대해 3개월씩 다양한 방면으로 탐구를 하다 보면 '아, 나에게 이런 면이 있었구나' '내가 사람 만나는 걸 좋아하는구나' '나는 내가 알아낸 것을 다른 사람들에게 쉽게 설명하는 재능이 있구나' 등 그 경험들 속에서 자신에 대해 알아가게 된다. 이렇게 보내는 십대 시절이라면 정말 더할 나위가 없을 것이다.

③ 아이의 관심사를 한 곳에 모으거나 스크랩한다

아이의 관심 대상이나 주제에 관한 모든 것을 상자에 모으거나 파일 또는 노트에 스크랩해보는 활동이다. 좋아하는 책, 재미있었던 영화나 텔레비전 프로그램, 기억에 남는 장소와 놀이, 신이 났던 경험, 관심 있는 직업, 장난감 등 아이의 관심 대상에 관한 모든 것을 모아본다. 그렇게 모은 뒤 몇 개월이 지나 그 자료들을 열어보면 아이의 관심분야를 좀 더 구체적으로 알 수 있다.

이 방법은 아이뿐 아니라 이미 어른이 된 나에게도 좋은 경험으로 남아 있다. 나의 경우 스크랩북을 통해 내가 좋아하는 텔레비전 프로그램을 정리한 적이 있다. 〈강심장〉 〈무릎팍 도사〉 〈라디오스타〉 등 나열을 해보니 내가 사람들의 살아가는 이야기가 담겨 있는 프로그램을 좋아한다는 것을 알게 되었다. 그 경험은 내가 텔레비전이나 보고 있는 한심한 존재가 아니라 사람들의 다양한 삶에 관심 있는 존재라는 나 자신에 대한 긍정적인 생각을 품게 만들었고, 나에 대해서 조금 더 알게 된 계기가 되었다. 어느 정도 아이를 키우고 제2의 인생을 살고 싶은데 내가 무엇을 좋아하고 잘하는지 모를 경우에도 '나만의 상자' 나 '스크랩북'을 만들어보자.

④ 관심 분야와 관련된 산업이나 회사를 찾아본다

학생들의 진로적성검사로 유명한 '와이즈멘토'의 추현진 이사는 아이들이 좋아하는 것에 '산업'이란 글자만 붙이면 그것이 직업으로 연결된다고 한다. 예를 들어 손톱을 예쁘게 다듬고 꾸미는 일을 좋아하면 네일(아트) 산업이 되는데, 이 네일 시장을 자세히 살펴보면 단순히 네일숍을 열어서 손님들의 손톱을 멋지게 꾸며주는 것이 전부가 아니라 다양한 형태의 일자리가 있음을 알게 된다. 우선 네일 원료, 자재, 액세서리, 스티커 형식의 네일 액세서리, 인조 손톱, 손톱 다듬는 도구, 네일 프린팅, 프린팅 머신, 네일 리무버 등 다양한 분야가 있으며 이 중에서 아이가 더 관심을 갖는 분야가 어느 쪽인지 찾아가면 좋다.

관련 산업을 찾은 뒤엔 그 산업을 통해 성장하고 있는 회사를 찾고, 회사에 관한 기사를 검색했을 때 기사에 가장 많이 등장하는 사람을 멘토로 삼거나 그 사람이 전공한 분야를 나의 진로나 진학의 방향으로 잡아도 좋다고 한다.

둘째 아이의 경우 수학자가 되고 싶다는 이야기를 종종 했다. 우연히 신문기사에서 수학 강연이 열린다는 기사를 보고 대전까지 내려가 듣고 온 적이 있다. 첫째 아이 역시 교수가 되어 보는 것은 어떨까 하고 잠시 진로를 모색을 했을 때 하버드 법대 최초의 한인 교수로 소개된 석지영 님의 강연을 들으러 간 적이 있다. 그 시간들을 통해 "난 반드시 이 직업을 택해야겠어"라는 확고한 의지를 품고 온 것은 아니었지만 오고가며 나누었던 이야기들과 강연장에서의 경험이 아이의 생각과 일상에 영향을 미쳤음은 분명하다. 또한 이런 경험은 아이의 꿈에 대해 엄마와 아빠가 관심을 가지고 있으며 언제나 너를 지지하고 있다는 느낌을 주어 부모와 자녀의 관계에도 긍정적인 영향을 미친다.

⑤ 대학별 사이트에서 어떤 과들이 있는지 찾아본다

내가 원하는 꿈과 진로를 위해 특수 목적 고등학교나 특성화 고등학교에 진학하는 것이 아니라면 대부분의 경우 첫 통과 관문은 대학 입시일 것이다. 그러기 위해선 어떤 대학이 있고, 또 무슨 '과'에 진학하는 것이 좋은지 알아봐야 하는데, 역으로 대학에 어떤 과들이 있는지 먼저 살펴보는 것도 하나의 방법일 것이다.

첫째 아이의 경우 과학 쪽 진로를 탐색해볼 때 막연하게 과학자가 되고 싶다가 아니라 세분화된 과학영역을 찾아보기 위해 대학별 사이트에 들어가본 적이 있다. 각 학교마다 얼마나 많은 과들이 있고, 각각의 과에서는 4년간 어떤 과목들을 배우는지 찾아보며 놀라워하기도 하고 신기해하기도 했다.

예를 들어 심리학은 보통 문과지만 그 커리큘럼을 보면 통계학과 신경과학을 배우기도 하므로 조금은 수학과 과학에 대한 관심이 있으면 좋겠다는 생각이 들었다. 또 식품영양학과의 경우엔 막연하게 식품과 영양에 대해 배울거라고 생각하겠지만 유기화학, 생화학, 인체생리학 등의 교과목을 배우게 되는데 이로써 왜 식품영양학과가 이과의 영역에 속하는지 알게 된다. 뿐만 아니라 국문학과는 우리말과 관련된 수업을 할 것이라고 안일하게 생각할 수 있는데 막상 국문학과에 가면 현재의 우리말과 다른 한국 고전 수업이 많고 시나 소설, 고전, 문법 등을 분석하는 수업이 많아서 자세히 알지 못하고 지원하면 수업시간이 따분해질 우려도 있겠다는 생각이 들었다.

대학별로 학과의 이름이 조금씩 다를 수도 있지만 몇몇 학교만 들어가 보아도 기본적인 교육 과정은 비슷하므로 알아보는데 많은 시간이 걸리지 않는다. 아이의 학년이 올라갈수록 관심 있는 학과의 커리큘럼을 한 번쯤은 보고 진로를 생각해보길 권한다.

⑥ 다양한 경험의 기회로 학교 밖 넓은 세상을 보여 준다

교수가 되고 싶고, 건축가가 되고 싶고, 게임개발자가 되고 싶다는 꿈을 가질 수 있는 건 그 꿈을 가지기 이전에 어딘가에서 그와 관련된 것을 보았거나 경험했기 때문이다. 우리는 우리가 본 것만큼 꿈을 꾼다. 그래서 아이의 다양한 경험은 무척 중요하다. 그런데 요즘 우리나라 아이들의 삶을 들여다 보면 대부분 학교 수업 후 한 가지라도 더 배우기 위해, 더 잘하기 위해, 뒤지지 않기 위해, 따라가기 위해 소위 선행학습과 관련된 공부를 더 많이 하는 실정이다.

그렇게 학교와 학원을 오고가다 보면 정작 중요한, 어쩌면 학습보다 더 선행되어야 할 자기 자신과 자신의 꿈에 대한 탐색 기회를 놓치고 그저 나는 '공부를 잘해' 혹은 '못해' 또는 '그저 그래' 정도로만 자신을 알게 될 확률이 높다. 너무 안타까운 일이다. 아이는 부모의 그릇만큼 자란다. 부모가 먼저 학습적인 성과 위주에서 벗어나 최대한 새롭고 다양한 경험을 주기 위해 노력하면 그 과정에서 아이 역시 무한한 가능성을 담을 수 있는 그릇으로 성장하지 않을까. 아무리 대한민국이라는 현실 속에 살아도 적어도 초등학교 시기까지는 그래야 한다고 생각한다. 또한 그것이 가능하려면 부모가 아이를 향해 "우리는 네 편이야. 언제나 너를 응원할 테니 마음껏 도전해봐. 무엇이든 괜찮아. 실패해도 괜찮아"라며 아이가 도전하고 시도하는 것들에 대해 스트레스를 주지 않고 그 마음을 아이도 알 수 있게 인지시켜야 한다. 이게 생각처럼 쉽지는 않다. 그래서 아이가 십대가 되면 부모는 아이를 바라보는 횟수만큼 나 자신을 들여다보아야 한다. 내가 왜 아이의 생각에 반대를 하는지, 아이의 뒷모습을 보며 한숨을 짓고 있는지 그 원인을 아이가 아닌 나에게서 찾아야 한다.

엄마 공부 6

평범한 일상도 특별하게 만들 수 있어요

"오늘은 부부가 함께 왕자님, 공주님 놀이를 해보세요. 비록 넓은 대지를 소유한 성주는 아니지만 이 아름다운 왕국에선 절대 권력을 가지고 있기에 왕자와 공주가 바라는 소원은 무엇이든 이루어진답니다. 오전에는 남편이 왕자님, 오후에는 아내가 공주님이 되어서 서로에게 무엇이든 요청하고 그 소원을 들어주세요. 텔레비전을 보며 쉬고 싶다고 말하면 웃으면서 그 소원을 들어주고, 가까운 곳으로 함께 드라이브를 다녀오고 싶다고 하면 상대는 무조건 수용하여 (잔소리는 금지입니다) 그 꿈을 실현시켜주세요. 그렇게 하루를 보내고 나면 계속 왕자와 공주로 살아가고 싶어질 거예요. 그러면 다음엔 왕자와 공주로 살아가는 시간을 늘려보세요. 하루는 남편이 왕자, 또 하루는 아내가 공주가 되는 거예요. 평범한 일상도 어떻게 살아가느냐에 따라 충분히 즐겁고 행복할 수 있어요."

7

일곱 번째 씨앗

든든한 배경이 되어주는 차원이 다른 힘 지식

머리 쓰는 즐거움을 알게 하라

지식의 유일한 출처는 경험이다.
아이를 나의 틀에 가두어 키우면 딱 나만큼 자라게 된다.
실패해도 괜찮아.
실수해도 괜찮아.
무엇을 해도 괜찮아.

첫 번째 키워드 '배경지식'

몇 년 전, 백년의 역사를 자랑하던 필름 카메라를 대표하는 회사 '코닥'이 파산 신청을 했다. 경쟁 회사였던 후지필름이 화학, 광학, 재료공학이라는 기존의 지식을 화장품, 의약품, 바이오 기술로 확장하면서 기업의 생존을 유지하게 된 것과는 대조적이었다. 코닥은 왜 파산하게 되었을까?

세상이 빠르게 변하고 있다. 변화하는 세상에서 살아남기 위해서는 창의적인 혁신이 필요하다. 시대의 흐름을 볼 줄 알아야 하고, 소비자의 욕구를 지속적으로 이끌어낼 아이디어를 내야 하며 기존의 접근방식으로 해결하지 못하는 문제는 새로운 사고를 바탕으로 처리해야 한다. 그러므로 창의적인 인재의 가치는 나날이 높아지고 있다.

우리나라 기업도 이십여 년 전부터 창의적인 인재를 뽑기 위해 입사 시험에서 다양한 문제를 출제하기 시작했다. 사례 하나를 예로 들면 다음과 같다.

문제) 다음 작품과 관련해서 떠오르는 '알파벳 B'로 시작하는 단어를 쓰고, 그 이유를 함께 서술하시오.

레오나르도 다 빈치의 〈최후의 만찬〉

이 문제에서 가장 높은 점수를 받은 응시자의 답은 'betray(배반하다)'라고 한다. 이 작품은 예수님이 십자가에 못 박혀 돌아가시기 전, 그의 열두 제자들과 함께 마지막으로 가졌던 만찬자리를 그림으로 표현한 것이다. 이 식사가 끝나고 난 뒤, 열 두 제자 중 한 명인 유다의 밀고에 의해 예수는 다음 날 십자가에 못 박혀 죽음에 이르게 되었다. 즉 이 그림의 배경에는 '배반'이 있었다. 당신이 'betray'라는 단어를 보자마자 '아!'라는 감탄사가 흘러나왔다면 당신 역시 이 작품에 대한 배경지식을 가지고 있는 것이다.

창의성에는 배경지식이 필요하다. 위 문제를 예로 들면, 먼저 이 작품이 무엇인지 알아야 한다. 이 그림이 레오나르도 다 빈치가 그린 〈최후의 만찬〉이란 기초 지식이 있어야 뭐라도 연상할 수가 있다. 또한 이왕이면 작품을 그린 화가의 이름과 제목만 아는 것보다 작품에 대한 배경지식을 풍부하게 가지고 있는 것이 좋다. 즉 유다가 예수님을 잡기 위해 혈안이 되어 있는 제사장에게 돈을 받고 그 위치를 밀고하여 예수를 죽게 했음을 알고 있어야 한다. 그래야 '배반하다'와 같은 단어를 유추해낼 수 있다.

창의성이란 아무런 상관없는 두 가지 재료를 이어 붙인 엉뚱함이 아니기에 우리는 아이디어를 떠올릴 수 있는 기본적인 지식을 가지고 있어야 한다. 후지필름이 기존의 화학, 재료공학이란 지식을 화장품, 의약품으로 접목해볼 수 있었던 것은 그들 사이의 공통점을 찾아낼 수 있었던 배경지식이 있었기 때문이다.

또 하나, '배반하다'의 영어 철자가 'betray'라는 지식이 있어야 문제의 답을 적을 수 있다. 즉 창의력은 무에서 유를 만들어내는 기적이 아니라 풍부한 배경지식 위에서 쌓아올린 멋들어진 창조물인 것이다. 책과 학교교육을 통해 배우는 기본 지식들은 모두 이 배경지식을 풍부히 해주는 데 도움이 된다.

두 번째 키워드 '다양한 경험'

기업도 개인도 살아가면서 부딪히는 수많은 문제를 해결하기 위해 창의력이 필요한 시대를 살아가고 있다. 그런데 이 문제해결에 있어 다양한 경험이 매우 중요하다는 사실을 세 아이를 키우면서 여러 번 깨닫게 되었다.

첫째 아이가 초등학교 3학년 때의 일이다. 한참 동안 혼자서 무언가를 만들더니 악기를 하나 완성해왔다. 그리고 신나게 자작곡 연주를 들려주었다. 그때 아이가 만든 악기를 보면서 '깜짝' 놀랐는데 우드락이란 재료로 '어떻게' 악기의 옆면을 곡선으로 만들 수 있었는지 너무 궁금했기 때문이다. 우드락은 소재의 특성상 곡선 처리를 하는 것이 쉽지 않기 때문이다.

"연수야, 정말 대단해! 이 곡선 부분 어떻게 만든 거야?"

그러자 아이는 뿌듯한 미소를 지으며 대답했다.

"엄마, 나도 처음에는 고민을 많이 했어. 우드락은 휘어지지 않고 쉽게 부서지니까 말이야. 하지만 옆면을 꼭 곡선으로 처리하고 싶어서 계속 생각해보았어. 끊임없이 궁리하다 보니까 좋은 아이디어가 딱 떠오르더라? 예전에 한지로 경대(옛날에 사용하던 거울 딸린 화장대)를 만들었던 때가 생각났어. 두껍고 빳빳한 한지 종이에 여러 개의

첫째 딸 연수가 초등학교 3학년 때 우드락으로 만든 악기

칼집을 내어서 곡선 처리를 한 적이 있는데 그 경험에서 힌트를 얻어 우드락에 그대로 적용했어. 아주 조심조심 칼집을 낸 다음 휘어서 글루건을 쏘아 붙인 거야. 어때, 멋지지?"

아이의 대답을 들으면서 뿌듯하고 기특하다는 생각과 함께 이전의 다양한 경험이 아이의 문제해결력을 키워주고 아이를 또 한 계단 성장시킨다는 것을 절실히 느꼈다.

둘째 아이가 소꿉놀이를 하면서 만들어낸 도구도 비슷한 경우다. 여기서 눈여겨봐야 할 것은 페트병 위에 있는 작은 요구르트병이다. 아이는 요구르트병의 밑바닥을 칼로 잘라내고 위아래의 위치를 바꾸어 거꾸로 페트병에 꽂아두었다.

이게 대체 무슨 물건이냐고 아이에게 물었더니 "엄마, 소꿉놀이

둘째 딸 현지가 요구르트병을 깔때기처럼 빈 페트병에 연결하여 만든 도구

를 하다가 음식 만들기를 하려는데 10가베를 페트병에 넣어야 했어. 그런데 페트병 입구가 너무 좁아서 10가베를 하나씩 넣다 보니까 너무 힘이 드는 거야. 그래서 어떻게 하면 빠르고 쉽게 넣을 수 있을까 고민했는데, 요구르트병 밑바닥을 잘라서 페트병 위에 거꾸로 세워 두고, 그 위에 10가베를 부으면 어떨까 생각했지. 그래서 해봤는데 정말 순식간에 다 들어가더라? 멋지지?"라고 말했다.

좀 엉성하기는 했지만 옆에서 지켜보니 하나하나 손으로 넣을 때보다 훨씬 시간을 절약할 수 있었다. 그런데 갑자기 궁금한 것이 있었다. 내가 평소에 주방에서 깔때기를 전혀 사용하지 않았기 때문에 대체 아이가 저런 생각을 어떻게 하게 됐는지가 무척 궁금했다. 그래서 물어보았더니 "응, 모래시계를 떠올리면서 만들었어!"라고 하는 게 아닌가.

경험의 힘은 정말 놀라웠다. 아이들은 현재의 문제를 기존의 경험에서 찾아냈다. 그때서야 "지식의 유일한 출처는 경험이다"라고 했던 아인슈타인의 말이 새삼 깊은 무게감을 가지고 다가왔다.

세 번째 키워드 '상상력'

노벨문학상을 수상한 세계적인 극작가 조지 버나드 쇼George Bernard Shaw는 "상상력은 창조력의 시작이다"라고 했다. 나 역시 이 의견에 적극 동의한다. 창의력은 상상력을 바탕으로 한다. 과거 공상과학 영화에서나 보던 우주를 탐사하는 로켓과 탐사대원, 아이를 돌봐주는 로봇, 기계와 사람 사이의 대화 등은 인간의 상상력을 통해서 창조되었고 그 상상력이 현대 기술과 만나 현실이 되었다. 상상력은 21세기 인재들에게 요구되는 최고의 덕목인 창의성을 키워주는 든든한 조력자다.

그런데 참 아쉽다. 우리나라의 많은 부모는 아이들의 상상놀이를 달가워하지 않는다. 어린 시절의 상상놀이가 상상력을 키워주고 유지시켜주는 좋은 거름이 되고, 판타지 소설을 읽고 즐기는 시간들이 멋진 비료가 될 수 있는데 오로지 학교에서 받아오는 성적과 머릿속에 암기되어 들어가는 지식만을 최고의 가치로 여긴다. 심한 경우엔 상상력을 거짓말로 간주하며 고쳐놓아야 할 습관으로 바라보기도 한다.

하지만 상상력은 중요하다. 상상력은 인간이 기타의 동물들과 차별화되는 이유며, 인간 문명을 발전시킬 수 있었던 원동력이자 변화하는 앞으로의 시대 속에서도 살아남을 수 있는 훌륭한 무기이기 때문이다. 또한 이 상상력은 지금의 학교교육에서는 키우기 힘든 부분이기 때문에 부모가 더 챙겨야 할 영역이다.

세계적인 과학자 아인슈타인은 "상상력은 지식보다 더 중요하다"라고 말했다. 알고 있는 지식들을 잘 꿰어서 가치 있는 귀중품을 만들거나 기존의 지식으로 해결되지 않는 문제에 직면했을 땐 새로운 발상이 필요한데 그럴 때 바로 상상력이 요구된다.

또한 '보이지 않는 손'에 대해 이야기했던 경제학의 아버지 애덤 스미스Adam Smith는 "한 나라의 진정한 부의 원천은 그 나라 국민의 창의적 상상력에 있다"는 말을 했다. 미래학자 앨빈 토플러Alvin Toffler 역시 "기술적 발전이 한계에 직면할 미래 사회에서 새로운 가치는 상상력에 의해 창출될 것이다"라고 했다. 아무 것도 없는 모래사막 위에 라스베이거스와 두바이를 세워 세계 최고의 관광도시를 만들고, 존재하지 않던 사물에 캐릭터와 이야기를 입혀 디즈니랜드와 해리포터를 만들어 엄청난 부를 생산하고 있는 것이 이를 증명한다. 세상은 변하고 있고, 문화와 서비스 산업에서 상상력은 곧 부와 연결된다.

상상은 현실과 맞설 수 있는 유일한 무기

상상력은 고단한 현실과 맞설 수 있는 훌륭한 무기이기도 하다. 둘째 아이가 고등학교 1학년 때 있었던 일이다. 아침 일찍 일어나 기숙사로 들어가는 두 아이를 보낸 뒤 강연 갈 준비를 하고 있는데 막내 아이가 다가와 말을 건넸다.

"엄마, 어젯밤에 현지 언니가 많이 울었던 거 알아?"

"그래?"

"응, 공부를 잘하고 싶은데 버거웠나 봐. 웬만한 노력으로 극복될 것 같지 않으니까 공부 의욕까지 떨어지고 많이 속상했던 것 같아."

둘째 아이는 초등학교 시절부터 과학고를 가기 위해 준비를 한 경우가 아니었다. 수학을 좋아하니 한번 지망해보고 싶다는 이유로 약간의 준비 끝에 시험을 치고 합격했다. 그러다 보니 많은 선행 학습을 하고 들어온 동기들과의 경쟁에서 자주 버거워했다. 입학 후 학교에 적응하려 애쓰는 동안 때로는 의욕을 냈다가 때로는 의욕상실에 빠지기를 반복하면서 한 학기를 보내고 있었다. 아이가 지쳐 있을 때마다 기운을 내라며 매번 응원해주었지만 첫 여름방학의 끝을 하루 앞둔 그날은 특별히 더 의기소침한 마음이 풀어지지 않았나 보다.

"아빠가 한 시간 넘게 언니를 위로해주었는데도 언니가 계속 힘들어하니까 나더러 위로를 좀 해주래."

"그래?"

그렇게 막내 아이의 이야기가 시작되었다.

어떤 말로도 언니를 위로할 수 없을 것 같아서, 자신이 언니의 고민을 해결해줄 수 없을 것 같아서 자신은 그냥 자기와 함께하는 시간 동안 언니가 마음의 짐을 덜고 스스로의 힘으로 다시 일어설 수 있게 도와주는 것밖에 없다고 생각했단다. 그래서 어떻게 해볼까 고민한 끝에 우산 없이 비를 맞으러 나가자고 했단다.

"언니, 우리 비 맞으러 나갈까? 우산 없이 그냥?"

"음, 좋아."

그렇게 단둘이 집 밖에 나왔는데, 하필 그때 비가 그치는 바람에 아쉬운 마음만 가득하게 되었다. 그대로 들어오기가 아쉬워 막내는 비 내린 길거리를 맨발로 걸어보자고 제안했다. 그러자 둘째 아이는 혹시라도 유리에 발바닥이 찔리기 싫다는 이유로 신발을 신은 채, 막내 아이는 신발을 벗어 손에 들고서 비 내린 밤거리를 걷고 걸으며 여러 가지 이야기를 나누었다고 한다.

그러다가 비온 뒤 웅덩이 속에 비친 주황색 가로등 불빛을 보게 되었는데 정말 예쁘다는 생각이 들었고, 곧 그 웅덩이가 마법의 세계로 연결되는 포트키(해리포터에서 두 세계를 이어주는 도구 또는 역할)처럼 보이더란다.

그때부터 둘의 마법여행이 시작되었다. 웅덩이 물속에 나뭇잎을 던지면 마법의 세계로 들어갈 수 있다는 상상! 그렇게 두 아이는 신나게 레고 나라를 구경하고, 괴물 나라를 구경하고, 자동차 나라를 구경하면서 너무너무 행복한 시간을 보냈다고 한다. 그러다 보니 어느새 아이들이 졸업한 초등학교 운동장을 걷게 되었고 이때는 둘째 아이 역시 맨발로 운동장을 걸었다고 한다. 그렇게 즐거운 시간을 가진 뒤 이제 그만 집으로 돌아갈 시간이 되었다고 얘기하자 즐거운 상상놀이에 빠져 있던 둘째 아이가 다시 서럽게 울기 시작하더란다. 현실의 막막함과 무게 속으로 다시 돌아가야 한다는 사실이 새삼 두렵게 느껴졌을 것이다.

그렇게 한참 동안 눈물 흘리는 둘째 아이를 기다려준 막내가 다시 한번 돌아갈 준비가 되었느냐고 묻자, 마음의 준비가 되었는지 둘째 아이는 알겠다는 답을 들려주었다. 그리고 둘은 다시 현실로 돌아오기 위해 필요한 웅덩이로 던질 나뭇잎을 찾았는데, 둘째 아이가 한 장이 아닌 두 장의 나뭇잎을 찾아왔더란다. 그래서 왜 두 개를 찾아왔냐고 물어보니 한 개는 집으로 돌아갈 잎이고, 또 하나는 오늘의 아름다운 추억을 간직하고 싶어서 하나를 더 챙긴 거라고 말했단다. 그런데 그 말을 들은 막내가 단호하게 그럴 수 없다며, 이 세계는 마법의 세계이므로 이곳의 물건은 그 어떤 것도 현실로 가져가선 안 된다고 딱 잘라 말했다고 한다. 그러자 또다시 둘째 아이가 목놓아 울었다는 것이다.

"언니의 마음이 너무 와닿아."

막내는 그 마음을 공감해주고 위로해주고, 그렇게 둘째 아이는 마음을 진정하고 울음을 그쳤다. 둘은 다시 한번 가로등에 비친 물웅덩이 속으로 나뭇잎을 하나씩 던진 뒤 집으로 돌아왔다. 행복하게도 집으로 오는 길에 비가 내려 흠뻑 비를 맞고, 행복하고 또 행복하게 아름다운 여행을 마치고 돌아왔다.

그날 막내 아이의 위로는 대성공이었다. 아침에 자고 일어난 둘째 아이의 표정이 무척 행복해 보였으니까. 또한 놀랍게도 둘째 아이는 그날 이후로 공부에 매진하기 시작했다.

《이상한 나라의 앨리스》의 저자 루이스 캐럴Lewis Carrol이 말했다. "상상은 현실과 맞설 수 있는 유일한 무기다"라고. 막내 아이에게 그날 밤의 이야기를 들은 후로 나는 이 말을 굳게 믿고 있다. 상상은 쓸데없고 불필요한 공상이 아니라 현재를 살아가는 우리에게 그리고 미래를 살아갈 우리에게 너무나 필요한 능력이라고 말이다.

아이들은 마음껏 상상하고 한껏 즐길 수 있어야 한다.

상상력에 관한 재미있는 실험 하나

그런데 상상력에도 한계가 있다는 사실을 알고 있는가? 상상력에 관한 재미있는 실험이 하나 있다. 이 작은 실험에 당신도 참여하고 싶다면 다음의 글을 읽으며 함께 상상해보기 바란다.

"세상에서 가장 잘생긴 외모의 남자가 찾아와서 당신 앞에 무릎을 꿇고, 장미 한 송이를 건네며 사랑을 고백한다. 너무 잘생겨서 이 남자의 얼굴을 보는 것만으로도 황홀한 정말이지 세계 최고의 미남이다."

자, 이 남자의 얼굴을 상상해보자. 상상했는가? 나는 확신한다. 단언컨대 지금 당신이 세상에서 가장 잘생긴 남자로 상상한 그 얼굴은 당신이 지금까지 살아오면서 반드시 본 적이 있는 얼굴일 거라고. 그 얼굴이 비록 학창 시절 만화책에 등장했던 등장인물이건, 잘생긴 연예인의 얼굴이건, 옆집 남자의 얼굴이건 반드시 당신이 살면서 본 적이 있는 얼굴일 것이다. 그렇지 않은가?

이 상상게임이 의미하는 것은 우리의 상상력은 무한하지만 우리가 할 수 있는 상상에는 한계가 있다는 뜻이다. 즉 우리는 우리가 경험한 세계 안에서 상상할 수 있다. 그래서 다양한 경험이 아주 중요하다! 문제해결을 위한 수단으로써, 또 상상력의 재료로써도 다양한 경험은 꼭 필요하다. 그런데 지금 우리 아이들은 어떤 경험을 하고 있는가? 아이들에게 많은 것을 보여주어야 한다. 가급적 많은 것을 보고, 듣고, 만지고, 느끼고, 경험하게 해야 한다. 인간은 경험한 만큼 성장하기 때문이다.

네 번째 키워드 '실패해도 다시 도전'

미국 보스턴의 한 보호소에 앤이란 소녀가 있었다. 앤의 엄마는 사망했고, 아빠는 알코올 중독자였다. 보호소에 함께 온 동생마저 세상을 떠나자 앤은 그 충격으로 실성했고 실명까지 하게 되었다. 그녀는 수시로 자살을 시도했고, 혼자 괴성을 질렀다. 결국 앤은 회복 불능 판정을 받고 정신병동의 지하 독방에 수용되었다.

모두가 앤의 치료를 포기했을 때 로라라는 이름의 한 나이 많은 간호사가 앤을 돌보겠다고 자청했다. 그녀는 정신과 치료보다는 친구가 되어주는 방법을 썼다. 날마다 과자를 들고 가서 책을 읽어주고 기도를 해주었다. 얼마 후 앤은 독방 창살을 통해 조금씩 반응을 보이며 정신이 돌아온 사람처럼 이야기를 했다. 말을 하는 횟수도 점차 많아졌다.

2년 만에 앤은 정상인 판정을 받아 파킨스 시각 장애아 학교에 입학했다. 학교생활을 하면서 잃었던 웃음도 되찾았다. 시각 장애아 학교를 졸업할 때는 최우등생으로 뽑혔고, 한 신문사의 도움으로 개안 수술을 받아 앞도 볼 수 있게 되었다.

수술 후 어느 날, 앤은 한 신문광고를 보았다. 거기엔 '보지도 못하고 말하지도 못하는 아이를 돌볼 사람을 구함'이라는 내용이 실려 있었다. 앤은 그 아이에게 자신이 받은 사랑을 돌려주기로 마음먹었다. 결국 앤은 사랑으로 그 아이를 돌보았고 세계적인 인물로 키워냈다. 그 아이가 바로 우리가 아는 '헬렌 켈러'이고 그 선생님이 '앤 설리번'이다.

로라는 앤과 함께 있어주었고, 앤의 고통을 공감하면서 앤을 정상

인으로 돌려놓았다. 앤도 헬렌과 48년 동안 함께 있어주었다. 지극한 사랑이 기적을 일궈낸 것이다. 앤은 헬렌에게 늘 다음과 같은 말을 했다고 한다.

"시작하고 실패하는 것을 계속하렴. 실패할 때마다 무엇인가 성취하게 될 거야. 네가 원하는 것을 성취하지 못할지라도 무엇인가 가치 있는 것을 얻게 될 거야."

마시멜로 챌린지

JTBC의 〈차이나는 클라스〉에 정재승 박사가 나와 몇 주에 걸쳐 4차 산업혁명에 관한 이야기를 들려준 적이 있다. 그때 '마시멜로 챌린지'라는 창의성에 관한 실험을 소개했다. 실험방법은 다음과 같았다.

파스타면 20가닥, 테이프 1개, 실타래 1개, 통통한 마시멜로 1개를 이용하여 가장 높은 탑을 쌓는 팀이 이긴다. 세 명이 한 팀으로 18분 동안 탑을 만드는데 마시멜로를 탑 꼭대기에 꽂아서 완성해야 한다. 18분이 종료되고 손을 뗐을 때 탑이 무너지면 실패! 탑의 가장 아랫부분에서 마시멜로의 위치까지 높이를 쟀을 때 가장 높은 팀이 이긴다.

미국 디자이너 톰 우젝Tom Wujec이 이 실험을 다양한 직업군의 사람들에게 실시한 뒤 탑의 높이를 쟀다고 한다. 건축가를 제외하고 CEO, 변호사, MBA 학생, 유치원생 중 가장 높은 탑을 쌓은 그룹은 의외로 유치원생이었다. 많은 사람들이 그 이유를 궁금해했는데 나중에 살펴보니 유치원생들은 다른 그룹과 탑 쌓는 과정이 완전히 달랐다.

변호사와 MBA 학생 그룹은 탑을 쌓기 전에 한참 동안 계획을 세우고 계획을 완수하기 위해 부단한 노력을 기울였다. 어느 방향으로 탑을 쌓을지 방향을 정하고, 역할을 분담하는 등 철저한 계획을 세웠다. 그렇게 17분 50초까지 탑을 높이 쌓는 일에 중점을 두다가 마지막 순간에 마시멜로를 올렸는데, 두 그룹 모두 탑이 마시멜로의 무게를 이기지 못하고 무너지고 말았다. 또한 완성된 탑도 대부분 삼각뿔 형태로 정형화된 모양이었다.

반면 유치원생들은 달랐다. 일단 그들은 아무런 계획 없이 첫 번째 탑을 5분 안에 만들고, 18분 동안 보통 3~6개의 탑을 쌓다가 그중에서 가장 높은 탑을 18분 안에 완성했다. 완성된 탑의 모양도 정말 창의적이고 독특했다.

바로 이 지점에서 정재승 박사는 이야기한다.

"계획을 세우고, 계획한 대로 일을 진행하게끔 습관을 들이는 곳이 학교다. 그런 학교를 우수하게 졸업한 사람들일수록 4차 산업혁명과 같이 새로운 상황에서 직면한 문제들을 해결하기가 쉽지 않을 것이다. 창의적인 시도의 90퍼센트 이상은 실패를 하는데, 끊임없이 도전을 하다 보면 완전히 새로운 것을 만들어낸다. 이것이 실패에도 불구하고 다시 도전하는 힘이 중요한 이유다."

창의성에 관한 평소의 내 생각을 색다른 소재로 풀어낸 정재승 박사의 이야기에 푹 빠져 즐겁게 시청을 했다.

미래를 살아갈 아이를 키우는 부모의 역할이 여기에 있지 않을까. 학교라는 시스템 안에서 아이의 창의성을 키울 수 없다면 부모인 우리라도 아이들의 시도와 실패를 허용해주어야 하지 않을까.

"실패해도 괜찮아. 실수해도 괜찮아. 무엇을 해도 괜찮아. 다양하게 시도해보렴. 다양한 시도를 하다 보면 분명히 실패를 하게 될 텐데 그건 당연한 거야. 주눅들 필요 없어. 실패 없는 성공은 없으니까. 너는 실패한 만큼 다양한 경험을 하는 것이고, 그것이 너를 키우는 무기가 될 거야. 살면서 하게 되는 모든 경험은 인생에 흔적을 남긴단다. 그건 결과와 상관이 없는 거야. 그러니까 다른 사람과 나를 비교하며 조급해하지 마. 속도보다 중요한 건 방향이니까. 엄마는 진심으로 그렇게 생각해. 넌 지금 멋진 실패들을 쌓아가고 있어. 모든 전문가들이 이야기하는 소중한 실패를 지금 겪는 거지. 넌 정말 멋져. 엄마는 네 속도를 존중할게. 그러니 마음껏 고민하고, 마음껏 실패하렴. 엄마는 언제나 너를 응원한다."

아이의 실패를 기다릴 줄 아는 여유

막내 아이가 초등학교에 갓 입학했을 때다. 입학 후 3주간 급식을 먹지 않고 12시 전에 하교를 했는데, 나는 매일 그 시간에 맞춰 교문 입구에서 아이를 기다렸다.

어느 날 하교 종소리가 울리기에 읽고 있던 책 페이지 사이에 볼펜을 끼워두고 책을 덮다가 그만 볼펜을 떨어뜨리고 말았다. 그런데 하필 떨어진 곳이 하수구 구멍 안이었다. 교문 입구에 물이 빠지도록 넓게 깔아둔 보도블록 사이의 구멍으로 빠져버린 것이다.

구멍 사이로 손을 넣어 꺼내볼까 했는데 팔의 두께에 걸려 볼펜을 꺼낼 수가 없었다. 제대로 써보지도 못하고 잃어버리게 된 볼펜이 아까워서 울상을 짓고 있는데 수업을 마치고 나온 막내 아이가 그 표정을 보았다.

"엄마, 표정이 왜 그래?"

"응, 오늘 산 볼펜이 구멍 속으로 빠졌는데 너무 아까워서 그래."

"그래? 걱정하지 마! 내가 꺼내줄게."

그렇게 막내 아이의 볼펜 구출 대작전이 시작되었다. 처음엔 자신의 팔을 밀어 넣어서 꺼내려고 했지만 팔의 두께보다 구멍이 좁아서 실패했다. 그러더니 운동장 모서리에 위치한 화단에서 긴 나뭇가지 두 개를 주워왔다. 그걸 젓가락처럼 이용해 꺼내려고 했지만 또 실패했다.

잠시 궁리를 하던 아이는 교실에 있는 개인 사물함 속 물건을 활용해야겠다며 교실로 뛰어갔는데, 잠시 후 공예 철사를 가지고 나왔다. 손으로도 휠 수 있는 공예 철사를 쭈욱 펼치더니 두 번째 손가락에 휘감아 동그라미를 만들고 나머지 한쪽 끝은 길게 늘어뜨렸다. 그걸 구멍 속으로 집어넣어 볼펜을 걸고 조심조심 꺼내는데 안타깝게도 중간쯤 올라오면 무게중심이 흔들리면서 볼펜은 계속 구멍 속으로 곤두박질쳤다.

조금만 더 끄집어올리면 될 것 같은데 매번 실패를 하자 막내 아이는 또 다른 방법을 궁리했다. 그렇게 아이는 구멍 속으로 빠져버린 볼펜을 건져올리기 위해서 고민하고, 도전하고, 실패하고 또 도전하고, 실패하고, 도전하기를 반복했다.

그렇게 한 시간이 넘도록 볼펜을 건져올리려던 아이가 갑자기 좋은 생각이 났다며 다시 교실로 달려갔다. 이번에 가지고 나온 물건은 1.2cm 폭의 스카치테이프였다. 대체 이걸로 구멍 속에 든 볼펜을 어떻게 꺼낸다는 것인지 이번에도 실패하면 얼마나 더 기다려야 하는지 복잡한 심정으로 아이를 바라보고 있는데 정말 놀라운 일이 벌어졌다.

스카치테이프를 쭉 늘여서 당기던 아이가 그 한쪽 끝을 거꾸로 동글려서 끈적끈적하게 만들더니 그 끈적한 면을 구멍 속으로 밀어 넣어 볼펜에 붙인 다음 그대로 볼펜을 끄집어냈다. 드디어 성공한 것이다! 그 순간의 희열이란!

거듭되는 실패에도 불구하고 계속 도전하는 아이는 그 과정을 기다려주는 부모에 의해 만들어진다. 아이들의 시도와 숱한 실패들을 무한히 지지하고 허용해주자. 쉽지 않다는 것을 알고 있다. 하지만 아이를 나의 틀에 가두어 키우면 딱 나만큼 자라게 한다는 말이 있듯이 미래를 살아갈 우리 아이들을 위해서 좀 더 넓은 품으로 품어주자. 어렵다면 함께하자. 혼자 가면 힘들지만 함께 가면 좀 더 수월하니까. 그것이 내가 이 책을 쓰는 이유이기도 하다. 아이를 어떻게 키워야 하는지 머리로는 알고 있지만 주변에서 모두 하나의 물결처럼 가고 있는 것이 두려운 사람들에게 나 자신과 아이를 위해 함께 가보자고 얘기하고 싶다.

다섯 번째 키워드 '몰입'

거듭된 실패에도 불구하고 다시 도전하는 것은 쉬운 일이 아니다. 하지만 자신이 좋아하는 일을 할 때는 다시금 용기낼 확률이 훨씬 높다. 좋아하는 것을 할 때 우리는 그 어떤 때보다 강력한 힘을 발휘하고 따라서 좋은 성과를 낼 가능성도 더욱 높다.

막내 아이는 세 살 때부터 퍼즐을 좋아했다. 퍼즐이라곤 해본 적 없는 꼬마가 다섯, 여섯 조각의 퍼즐은 쳐다보지도 않고 40피스의 퍼즐판을 들고 맞춰보려고 안간힘을 썼다. 이리저리 맞추다가 제풀에 지치겠거니 싶어 내버려두었는데, 1시간이 넘도록 꼼짝 않고 앉아서는 "엄마, 퍼즐이 내 말을 안 들어"라며 삐죽삐죽 입을 내민 채 애를 썼다. 그 모습을 보며 퍼즐 맞추는 방법을 조금씩 알려주었다. 그랬더니 결국 다 맞추었고, 온 얼굴에 성취감으로 빛나는 웃음을 띤 뒤 잠시 후 다시 퍼즐판을 엎고 새로 맞추기 시작했다. 그렇게 어려운 퍼즐을 포기하지 않고 매달리던 아이는 여섯 살에 300피스 풍경화 퍼즐을 즐길 만큼 실력이 일취월장하게 되었다.

첫째 아이가 여덟 살, 둘째 아이가 일곱 살 때 주 2회로 발레 학원에 잠깐 다닌 적이 있다. 다닌 지 한 달 반쯤 되었을 때 발레 선생님과 통화를 하게 되었다.

"어머니, 현지가 심각하게 잘해요. 아직 두 달도 안 됐는데 5~6개월 다닌 아이들만큼 잘해요."

그 말을 듣는 순간 천재는 노력하는 자를 이길 수 없고, 노력하는 자는 즐기는 자를 이길 수 없다는 말의 의미가 가슴으로 훅 들어왔다.

발레를 시작한 한 달 반의 시간을 돌이켜보면 처음에 그런 칭찬을 받은 아이는 첫째 아이였다. 동작 하나를 가르쳐줘도 그대로 따라해내고 몇 번만 반복하면 모든 동작을 정확히 외웠던, 순전히 머리로 이해하고 받아들이는 속도가 무척 뛰어났다. 그런데 학원 수업을 마치고 나오는 길가에서부터 집 안에서는 물론이고, 심지어 유치원에서도 걸음걸이 자체가 발레 동작이었던 둘째 아이가 두 달도 채 되지 않아 빠른 속도로 성장하는 것이 눈에 띄게 보였다. 그 모습은 자기가 못하는 무언가를 잘하고 싶어서 노력하는 것이 아니라 완전히 즐거움에 의한 몰입이었다. 즐긴다는 것이 무엇인지를 둘째 아이는 온몸으로 보여주었다.

물론 첫째 아이도 즐기는 것이 있었다. 많은 양의 책을 읽은 아이는 초등학교 6학년 즈음부터 인터넷 사이트에 《만화 코믹 메이플 스토리》의 내용을 완전히 바꾸어 올리기 시작했다. 그런데 그 글을 읽는 독자 수가 꽤 많았다. 그렇게 독자들의 피드백을 받으며 글쓰는 것에 대한 재미를 붙여가던 어느 날, 더 이상 성장소설이나 만화책에서는 읽고 싶은 이야기가 없으니 자기가 읽고 싶은 책은 자기가 쓰겠다며 글을 쓰기 시작했다.

그렇게 연재한 글을 인터넷 독자들의 요청에 의해 중학교 2학년 겨울방학 때는 개인지로 내기도 했는데, 예약 판매를 통해 이익을 남기기도 했다. 그때 첫째 아이 대신 내가 택배로 개인지를 부쳐주었는데 대학교 기숙사와 약국에서도 아이의 글을 찾는 팬이 있다는 사실이 무척 놀라웠다. 자신이 좋아하는 것을 할 때는 누구도 말릴 수 없는 집중력과 실패에도 굴하지 않는 도전하는 힘이 생기고 그것이 결국 아이만의 색깔과 재능이 된다는 것을 세 아이를 키우면서 여러 번 목격했다.

좋아하면 질문이 생기고, 질문이 생기면 똑똑해진다

황농문 교수는 《몰입》이란 책을 통해 각 분야에서 위대한 성공을 거둔 사람들은 '몰입'이란 공통점이 있다고 말했다. 또한 성공과 행복은 몰입의 깊이에 달려 있다고도 했다. 사람은 좋아하는 것을 할 때 몰입의 가능성이 커지고 자연스럽게 집중력도 길러진다.

'모라벡의 역설'이란 말이 있다. '인간에게 어려운 것이 컴퓨터

에겐 쉽고 컴퓨터에게 어려운 것이 인간에겐 쉽다'는 말인데 예를 들면 이렇다. 기존의 지식을 이용해서 문제를 해결하는 것은 인공지능이 잘하고, 정보를 일방적으로 받아들이지 않고 '왜?'라는 질문을 통해 문제를 찾는 것은 인간이 잘한다. 그런데 좋아하는 것을 할 때 인간은 4차 산업혁명 속에서도 빛을 발할 인재의 역량인 바로 '왜'라는 질문을 하게 된다. 그렇다면 지금 우리는 아이에게 어떤 환경을 제공해야 할까?

둘째 아이가 다섯 살 때 '공주'에 빠진 이후, 1년 동안 공주로 눈뜨고 공주로 잠든 세월이 있었다. 매일 밤 명작 동화 속에 나오는 공주들의 이야기를 읽어달라고 졸라대고, 놀이를 할 때도 매번 엄마의 속옷을 껴입고 공주의 드레스라고 상상한 뒤 클래식 음악에 맞춰 파티를 하거나 신데렐라, 백설공주 등의 이야기로 역할놀이를 했다. 그때만 해도 공주라는 캐릭터를 별로 좋아하지 않았던 나로 인해, 아이들은 그 정도에서 쳇바퀴 도는 일상을 보내고 있었다.

하지만 아이가 좋아하는 것에 마음의 문을 열기로 마음먹은 뒤 아이가 그렇게 사달라고 조르던 '동화 속 공주들이 나오는 색칠북'을 사주었는데, 얼마나 좋아했는지 모른다. 1년간 졸라도 사주지 않던 색칠북을 선물받은 둘째 아이는 그 책을 무척 아끼고 또 아꼈다. 하루에 단 한 페이지씩만 색칠할 정도로 말이다.

아침에 눈을 뜨자마자 머리맡에 놓아둔 색칠북을 펼쳐 정성스럽게 한 명의 공주를 색칠했다. 그 색칠이 끝나면 벌써 끝내버렸다는 사실을 아쉬워하며 다음 날 색칠할 페이지를 미리 펼쳐보았다. 그러고 나서 머리카락은 무슨 색으로 칠할지, 드레스는 어떤 색깔로 꾸밀지 거듭 생각한 뒤 다시 곱게 정리해두었다. 그렇게 자고 일어나면 또 눈을 뜨자마자 한 명의 공주를 색칠했다.

그러던 어느 날, 그날도 공주를 색칠하던 둘째 아이가 갑자기 고개를 갸웃거리며 질문을 했다.

"엄마, 이 색칠북에 나오는 백설공주, 신데렐라, 잠자는 숲속의 공주는 모두 서양의 공주잖아. 우리나라에는 공주가 없어?"

질문을 듣는 순간 너무 놀라 아이의 얼굴을 한참 동안 바라보았다. 그날 내가 놀란 이유는 세 가지였다. 오랫동안 아이들에게 동화 속 공주에 관한 책을 읽어주었다. 또 서양의 공주들, 클레오파트라 이야기와 마리 앙투아네트 이야기도 들려주었다. 하지만 나는 한 번도 우리나라에 공주가 살았다는 사실을 생각해본 적이 없었다. 우리나라에도 실제 존재했던 공주들이 분명 있었는데, 정말 까맣게 기억조차 하지 못하고 있었다. 그렇게 나조차 생각해본 적 없는 질문을, 여섯 살 아이가 했다는 사실이, 그것도 다른 아이도 아닌 둘째 아이가 했다는 사실이 무척 놀라웠다.

역시 좋아하는 것의 힘은 세다는 것을, 좋아하면 관심이 깊어지고 깊은 관심은 질문하는 단계까지 나아간다는 사실을 둘째 아이를 통해 알게 되었다. 똑똑해서 질문을 하는 것이 아니라 무언가를 좋아하는 사람은 그 대상에 대한 호기심으로 인해 질문을 하고 그렇게 질문을 통해 똑똑해진다는 사실을 깨닫게 된 것이다.

두 번째 놀란 이유는 둘째 아이가 '서양'이란 단어의 뜻을 어떻게 알게 되었을까 하는 점이었다. 이 의문은 며칠 뒤에 쉽게 풀렸다. 그 당시 나는 매일 아이들에게 공주 인형을 그려주고 있었다. 《서양복식문화사》라는 의상학과의 전공서적을 구입하여 그 책에 등장하는 수많은 드레스를 모방하여 공주 인형이 입을 드레스도 그려주고 있었다. 둘째 아이가 어떻게 '서양'이란 단어를 알게 되었을까 궁금하던 어느 날, 방바닥에 나뒹굴던 이 책이 눈에 들어왔다. 아니나 다를까 책 표지에 '서양'이란 글자가 큼지막하고 정확하게 쓰여 있는 것이 아닌가.

둘째 아이는 매일 그 책에 나오는 드레스를 구경하면서 신데렐라가 입고 있는 드레스, 백설공주와 잠자는 숲속의 공주도 입고 있는 드레스들을 매일 보았다. 그러면서 책 제목에 '서양'이 있으니 이 동화 속 공주들은 서양의 공주라는 것을 정확히 추론해낸 것이다.

물론 여기에는 명절 때마다 입었던 우리의 한복이 서양의 드레스들과 달랐다는 사실도 큰 몫을 차지했을 것이다. 아이의 성장에는 다양한 경험이 정말 중요함을 다시 한번 깨닫게 되었다.

마지막으로 놀란 이유는 '성장에는 도구가 필요하다'는 사실을 몸소 깨닫게 되었기 때문이다. 공주를 좋아한 둘째 아이에게 단순하게 동화 속에 나오는 공주들의 이야기만 읽어주었다면 아이는 그런 질문을 떠올리지 못했을 것이다. 《서양복식문화사》라는 여섯 살 아이가 보기엔 쉽지 않은 도구인 전공서적과 색칠북이라는 평범하기 그지없는 놀이용 책, 그리고 명절마다 입었던 한복이라는 옷과 아이의 마음을 존중하여 매일 공주 인형을 그려준 모든 일상이 아이의 성장 도구가 되었던 것이다.

아이들은 내가 걱정했던 대로 자라지 않았다. 공주들처럼 놀기만 할까 봐, 파티만 좋아할까 봐, 백마 탄 왕자만 기다릴까 봐 나 역시 처음에는 공주를 좋아하던 아이들을 환영하지 못했다. 하지만 공주를 매개로 함께 놀기 시작했더니 어느 날 아이들이 내게 이런 말을 들려주었다.

"엄마, 내가 옛날의 공주로 태어나지 않고 지금의 나로 태어나서 얼마나 다행인지 모르겠어. 공주로 태어났더라면 정략결혼을 했을 거고, 상대의 얼굴도 모르고 결혼했을 거야. 엄마도 날 때리지 않는데 맞고 자란 공주도 있잖아. 아들을 못 낳아서 또 괴로워했던 공주들도 있었고! 공주에 대해서 알면 알수록 지금의 나로 태어난 것이 참 좋아!"

아이가 좋아하는 것에 마음의 문을 열었더니 아이들은 내가 상상하지도 못했던 방식과 방향으로 자라났다.

여섯 번째 키워드 '놀이'

"아이는 놀이를 통해서 세상을 배운다" "아이에게 줄 수 있는 최고의 선물은 놀이다" "잘 노는 아이가 잘 자란다"는 말을 들어본 적이 있을 것이다. 여기에 한술 더 떠 《새로운 시대가 온다》의 저자 다니엘 핑크Daniel Pink는 미래사회에 꼭 필요한 인재의 조건으로 '놀이'를 꼽았다. 또한 문화심리학자 김정운 교수도 《노는 만큼 성공한다》라는 책에서 "놀이는 창의성과 동의어이며 놀이가 곧 의사소통이다"라고 했다. 이 말들은 모두 과언이 아니다. 지금 시대는 '놀 줄 아는 사람의 능력'을 중요하게 생각한다. 최고의 인재상으로 꼽는 창의성 역시 놀이 속에서 발생하기 때문이다.

세계적인 기업들의 사무공간이 놀이터와 같은 모습을 띠고 있는 것은 주목해볼 만한 점이다. 인간이 인공지능의 지식을 추월할 수 없는 이 때, 인간만이 가지는 깊은 공감과 소통의 힘은 놀이를 통해 길러진다. 나는 이것을 세 아이를 키우며 수없이 경험했다.

또한 모든 문화는 놀이를 통해서 꽃을 피웠다. 미술, 음악, 춤, 게임, 언어, 음식, 패션, 건축, 풍습 등 그 출발이 비록 필요에 의해 시작되었을지라도 시간의 흐름과 함께 미적인 감수성과 창의성이 가미되어 이제는 생존을 벗어나 부를 창출하기에 이르렀다. 세상은 더 이상 수렵, 채집, 농경 사회로 회귀될 수 없고, 4차 산업혁명의 영향으로 더욱 창의적인 문제해결력을 지닌 사람과 그런 사람이 만들어내는 문화가 가치를 지니게 되었다. 그러니 아이와 함께 놀아보자. 노는 것이 경쟁력인 시대가 되었다.

그런데 왜 많은 부모들이 '놀이'라고 하면 왠지 건설적이지 않고, 의미 없으며, 해야 할 일을 모두 마친 뒤에야 잠시 '짬'을 내어 쉬어가는 시간이라고 생각하게 되었을까? 거기에는 '놀이=놈팽이'라는 공식이 자동화시스템처럼 성립되어버린 우리의 삶 또는 상처 속에 그 이유가 있다. 땅을 파고 씨를 뿌려서 무언가를 수확해야 살아남을 수 있었던 선조들은 생산성이 곧 생존이었다. 따라서 그들에게 생산적이지 않은 모든 활동은 무의미한 것이다. 그런 이유로 먹고사는 일과 상관없는 놀이는 불필요하고 가치가 없으며 놀고 있는 사람을 '놈팽이'라며 손가락질 해댔다.

하지만 세상이 변하고 있다. 변화무쌍한 새로운 시대를 살아가기 위해서는 부모로서 틀을 넓히고 자신의 신념과 판단들을 점검해야 한다. 부모의 생각과 말은 아이에게 그대로 전달되어 영향을 미치기 때문이다.

아이는 놀이를 통해 사고력과 집중력을 키운다

아이들이 어렸을 때 영화 〈니모를 찾아서〉를 보고난 뒤 거실 한쪽에 전지 한 장을 붙였다. 그리고 까만 매직을 사용하여 고래 한 마리를 그려두었더니, 아이들은 "이게 뭐야?"라며 호기심을 보였다.

"너희 영화 〈니모를 찾아서〉 본 거 기억나?"

"응, 기억나. 엄마!"

"영화를 보면 니모가 바다에서 살잖아. 우리 한번 힘을 모아서 니모가 살았던 바다를 꾸며볼까?"

"와, 재밌겠다. 어서 해보자."

"좋아. 엄마는 '바다'하면 고래가 생각나서 여기에 고래 한 마리를 그렸어. 너희는 뭐가 떠올라? 바다에 누가 누가 사는지 기억나?"

"응, 니모가 살아. 그리고 흰동가리도 살고, 해파리도 살고, 미역

아이들이 전지 위에 꾸민 〈니모를 찾아서〉의 니모가 사는 곳

도 살고, 말미잘도 살고, 복어도 살고, 산호도 있어!"

"와! 정말 많이 알고 있네! 그러면 우리 지금부터 그 해파리랑 말미잘이랑 니모를 만들어서 이 종이 위에 붙여볼까?"

"응!"

"먼저 해파리부터 꾸며보자. 해파리를 만들려면 어떤 재료를 이용하면 좋을까?"

"(한참 생각한 뒤) 아! 내 생각엔 부엌에 있는 투명한 비닐을 이용하면 될 것 같아."

"우와~ 정말 좋은 생각이다!"

아이는 놀이를 통해서 사고력을 키운다. 또한 놀이를 통해서 집중력과 어휘력, 상상력과 이해력, 창의력과 성취감을 배운다. 뿐만 아니라 미적인 감수성과 표현력, 호기심과 문제해결력, 자신과 타인의 감정을 이해하고 소통하는 능력도 기른다. 그리고 이 모든 것이 학습의 기본이 되며 많은 부모들이 그토록 원하는 역량들을 아이들은 배우는지도 모르는 가운데 저절로 배운다. 그건 놀이를 통해서 무언가를 가르쳐서가 아니다. 아이들이 놀 수 있는 재료나 환경만 주면 자발적으로 주도성을 가지고 즐겁게 몰입하면서 자연스레 얻게 되는 것이다.

세 아이는 어려서부터 완성된 장난감보다는 집에 있는 재료들을 이용하며 놀았다. 주방용 소쿠리, 주걱, 밀대, 볼, 국자와 휴지, 물을 사용하여 마음껏 상상의 나래를 펴고, 자신의 생각이 흘러가는 대로 몸과 입을 움직이며 놀곤 했다. 주로 음식을 만들며 놀았는데 피자, 김치, 떡볶이, 떡, 빵, 국수 등을 만들어 서로 대접하고 먹는 시늉을 하면서 놀았다. 그러다 보면 한두 시간은 그냥 훌쩍 지나가버렸다.

첫째 아이가 다섯 살 때 유치원에 잠깐 다닌 적이 있다. 책에서 본 노란 유치원 버스와 유치원 이야기가 즐겁게 느껴졌는지 자기도 유치원에 보내달라며 성화를 부렸다. 그런데 그렇게 간절히 원했던 유치원을 단 하루 만에 다니기 싫다고 울먹이는 게 아닌가.

어르고, 달래고, 살짝 강요도 하며 며칠을 보냈는데 계속해서 다니기 싫다고 하길래 진지하게 그 이유를 물어보았다.

집에서 흔히 구할 수 있는 재료들로 놀이를 즐기는 아이들

"엄마, 선생님이 봄에 대한 그림을 그리라고 했어. 그래서 어떻게 그릴까 한참 생각을 하다가 그림을 그렸는데 선생님이 그만 그리래. 그러면서 나보고 빨리 좀 그리래."

아이의 이야기를 들어보니 봄에 대해 그려보라는 선생님의 말씀을 듣고 아이는 어떤 봄을 그릴까 생각했나 보다. 고민 끝에 봄에 피는 꽃과 나비들이 가득한 들판을 그려야겠다고 마음을 먹었던 거다. 그런데 봄에 피는 꽃과 나비가 너무 많으니 그 수많은 꽃과 나비 중에 어떤 꽃을 그리고 어떤 나비를 그릴지 또 궁리했다고 한다. 그렇게 고심 끝에 드디어 무언가를 그리려는데 선생님이 시간이 다 되었다며 그만 그리라고 한 것이다. 그런 뒤 그림을 거두어 가셨는데 왜 이것밖에 못 그렸냐고 다음부터는 빨리 그리라고 했다는 것이다. 그림뿐만 아니라 대부분의 활동에 주어진 시간이 겨우 십여 분이라는데 내가 생각하기에도 그건 너무 짧다는 생각이 들었다.

다음 날, 선생님께 전화를 걸어 전후 사정을 말씀드리고 활동별 수업시간을 조금만 더 연장해주실 수는 없느냐고 부탁을 드렸다. 그랬더니 5세 아동의 집중력이 십 분 내외라는 과학적인 연구 결과를 바탕으로 모든 프로그램이 짜여 있는 것이라며 살짝 기분 나쁜 듯한 반응을 보이셨다. 그때 알았다. 5세 아동의 집중력이 십 분이라는 것을 그리고 세 아이는 놀이를 통해 이미 한두 시간의 집중력을 키웠다는 것을.

놀이는 아이의 집중력을 길러준다. 그러니 놀이의 힘을 믿고 아이에게 놀 수 있는 시간과 환경을 만들어주자. 세 아이 모두 영재원에 합격할 수 있었던 비결 중 하나로 나는 '놀이'를 꼽는다. 아이의 성장에 책이 미치는 영향력이 매우 크다는 것을 알고 있지만 간혹 아이에 따라서는 책에 대한 관심이 높지 않은 경우가 있다. 하지만 놀이는 모든 아이들의 본성이며 욕구다. 놀이를 싫어하는 아이는 아무도 없다. 그러므로 모든 아이에게 적용되는 탁월한 환경인 '놀이'를 아이들이 누릴 수 있게 도와주자.

엄마는 아이의 환경을 만들어주는 사람

요즘 식당이나 카페 등 공공장소에 가면 종종 목격하는 광경이 있다. 만 한 살도 안 되어 보이는 아이들이 스마트폰을 들여다보며 넋을 놓고 있는 모습이다. 부모도 다양한 욕구와 사회생활이 있기에 공공장소에 갈 일이 있고, 아이가 공공장소에서 소란을 피우지 않도록 스마트폰을 이용하는 마음은 충분히 짐작이 간다. 하지만 강연을 다니며 많은 어머니들을 만나면서 알게 된 사실은 집에 있을 때 역시 스마트폰에 아이를 맡기는 경우가 많다는 것이다.

스마트폰 환경 속에 있는 아이는 당연히 스마트폰을 많이 하며 자란다. 아직 스마트폰이 보급된 지 얼마 되지 않았기에 어려서부터 하루에 몇 시간씩 장기적으로 스마트폰을 사용한 아이들에 대한 '추적조사'가 제대로 이루어지지 않았다. 그러므로 '스마트폰이 아이에게 미치는 장기적인 영향'에 관해 명백히 신뢰할 만한 연구 논문은 찾아보기 힘들다. 하지만 많은 연구자들의 실험에 의하면 너무 이른 시기의 스마트폰 노출은 과잉행동장애나 통합적인 사고능력을 떨어뜨리고 부모와의 애착 형성을 방해하거나 가족 간 대화의 단절을 야기하며 신체 발달에도 문제를 일으킬 수 있다고 한다.

"먹을 가까이 하는 사람은 검어진다"는 말처럼 사람은 그가 속한 환경에 따라 변화하는 동물이다. 어린 시절에는 더욱 그렇다. 어떤 환경에서 성장하는지에 따라 잠재력과 가능성이 달라진다. 인도의 늑대굴에서 발견된 카마라와 아마라란 두 소녀의 이야기처럼 말이다.

아이에게 다양한 놀이 환경을 만들어주자. 수십 년의 연구 결과가 증명하고 있는 놀이의 힘을 믿고, 놀이라는 환경을 만들어주자. 인풋이 있어야 아웃풋이 있다. 아무 것도 없는 환경에서 좋은 결과를 기대할 수는 없다. 펼쳐놓은 환경이 있어야 그 위에서 아이 스스로 탐색도 하고, 자극도 받고, 사고도 하면서 자란다.

놀이 환경을 만들어주고 나면 그다음은 아이를 따라가면 된다. 〈EBS 놀이의 반란〉이란 프로그램에서 요즘 아이들의 놀이를 진짜 놀이와 가짜 놀이로 구분한 적이 있다. 부모가 만들어준 환경 안에서 부모가 의도하는 바대로 놀이 순서와 놀이 시간을 지켜가며 노는 놀이는 '가짜 놀이'라고 표현했다. 진짜 놀이는 목적이 없어야 한다. 아이가 주도적이어야 한다. 아이가 신이 나서 자발적으로 즐겁게 놀아야 한다. 그게 진짜 놀이인 것이다. 아이를 따라가지 않고 부모인 나의 틀에 넣으려고 하는 것은 무늬만 놀이인 셈이다. 이래서는 놀이의 진정한 힘도 발휘될 수가 없다.

문제는 모든 아이가 달라서 엄마가 만들어주는 환경에 아이가 보이는 반응을 예측할 수 없으며 많은 부모가 이 예측 불가능함을 힘들어한다는 것이다.

아이와 간단하게 할 수 있는 놀이 가운데 '데칼코마니'라는 미술 놀이가 있다. A4용지를 반으로 접은 뒤 다시 펼쳐서 종이의 반쪽 면에만 물감을 짠 후 다시 접는다. 그런 다음 종이 위를 꾹꾹 누르거나 비벼서 펼치면 아름다운 무늬의 물감 자국이 생기는데 그 모양을 보며 "넌 이 무늬를 보니 뭐가 떠올라?" 하고 묻는 것이 데칼코마니 놀이다.

놀이책에서 이 방법을 본 엄마가 모든 재료를 준비하고 아이를 부른다. 그런 뒤 A4용지를 반으로 접어보자고 얘기한다. 그런데 아이가 A4용지를 계속 접기만 하는 것이다. 그다음 순서인 물감을 짜야 하는데 계속 종이를 접기만 하여 어느새 데칼코마니 놀이는 종이 접기 놀이로 변한다.

하지만 이럴 경우에도 아이를 따라가야 한다. 데칼코마니 놀이를 하겠다는 것은 엄마의 생각일 뿐 아이는 A4용지를 보고 다른 생각을 할 수 있다. 그렇게 아이를 따라가다 보면 실컷 A4용지를 접으며 놀았던 아이가 어느 순간 물감을 짜게 된다. 기다려준 보람이 느껴지는 순간이다. 하지만 이때 역시 기쁨은 잠깐이다. 이번에는 아이가 오늘 산 36색 물감을 순식간에 다 짜버릴 기세로 물감만 짜기 시작하는 것이다. 그때부터 엄마의 저 가슴 깊은 곳에서는 짜증과 화가 스멀스멀 올라온다. 그렇게 폭발과 인내 사이에서 널을 뛰고 있는데, 아이가 작은 A4용지 밖으로 물감을 튀어나가게 하는 순간 엄마는 더 이상 참지 못하고 소리를 질러버린다.

"야! 이C!"

나도 해봐서 안다. 이럴 땐 먼저 심호흡을 해야 한다. 그런 뒤 왜 순서대로 물감을 짜지 않느냐고, 왜 A4용지 밖으로 물감을 튀어나가게 했느냐고 아이를 몰아세우지 말고 엄마 자신에게 질문해야 한다. '나는 왜 여태껏 참아왔는데 바로 이 순간 더 이상 참지 못하고 아이에게 불같이 화를 내고 말았을까?'라고 말이다. 자신에게 질문을 하다 보면 내가 화를 낸 이유가 청소 때문인지 하루도 쓰지 못하고 금방 다 써버린 물감 때문인지를 알게 된다.

순간적으로 아이에게 화를 내는 대부분의 행동들은 엄마의 '내면 아이' 때문인 경우가 많다. 아이가 작품을 완성하지 않고 물감을 짜기만 할 때 돈에 상처가 있는 엄마는 '저게 돈이 얼만데 하루 만에 다 써버려?'라며 화를 낸다. 또 아이가 바닥 여기저기에 물감을 묻힐 때 청소에 상처가 있는 엄마는 '저걸 다 치우려면 얼마나 힘든데'라며 화를 낸다.

이럴 땐 아이도 나도 서로 '윈윈'하는 전략을 펼쳐야 한다. 방바닥으로 튀어나온 물감을 청소하기 싫다면 다음부턴 물감놀이에 신문지를 깔면 된다. 신문지를 깔았는데도 신문지 크기를 넘어서며 어지럽힌다면 더 큰 전지를 펼치면 된다. 한 장의 전지를 넘어갈 만큼 방을 더럽힌다면 그 다음엔 전지를 두 장 놓고 시작하면 된다. 그리고 어린 시절에 어지럽히지 못하고 자란 자신의 상처를 애도한 뒤 아이와 놀면 된다.

물감 가격이 아까워서 화를 낸 엄마라면 굳이 비싼 36색 물감 대신 12색 물감을 사주거나 다이소 같은 곳에서 저렴한 물감을 사용하면 좋다. 매일 물감을 줄 필요도 없다. 1주일에 단 한 번, 혹은 2주일에 한 번만 주어도 된다. 그리고 돈에 관한 나의 상처를 떠올리며 상처를 떠나보내면 된다.

아이와 놀이하는 것이 힘든 이유

강연을 다니다 보면 유독 아이와의 놀이를 힘들어하는 분들이 많다. 처음에는 "아이와 어떻게 놀아줘야 할지 모르겠어요"라는 말에 놀이 방법을 알려드리면 되는 줄 알았다. 하지만 지난 6년간 전국과 중국을 다니며 많은 어머니들을 만나본 결과 그 말 아래에는 아이와 놀아주기 힘든 '마음'이 있음을 알게 되었다. 즉 상처받은 엄마의

'내면 아이' 문제였다.

오전 10시부터 오후 6시까지 하루 종일 진행되는 나의 '놀이워크숍'에 한 어머님이 참석했다. 놀이 재료로 나눠드린 풍선을 크게 불어보라고 했는데 불다가 그만 '빵!' 하고 터트려버렸다. 그런데 하필 옆자리에 임산부 어머님이 계셨고, 그분이 풍선 터지는 소리를 듣고 깜짝 놀라게 되었다. 다들 놀랐다며 가벼운 액션을 취하거나 호탕하게 웃은 뒤 놀이 수업을 이어갔는데, 잠시 후 풍선을 터트린 어머님이 밖으로 나가셨다. 한참 뒤에 돌아오신 그분이 워크숍 말미에 말씀하시길 풍선을 터트린 순간부터 귓속에서 친정 엄마의 말들이 쏟아졌다고 고백했다.

"네가 하는 일이 그렇지 뭐. 도대체 네가 잘하는 일이 뭐니? 답답하다 답답해. 그렇게 칠칠치 못해서 어떻게 살려고 하니? 저래서 사람 구실이나 제대로 할 수 있을지 몰라."

어린 시절부터 들어오던 친정 엄마의 목소리가 귓가에 울려와 도저히 수업에 집중할 수가 없었다고 했다.

놀이가 힘든 엄마들은 어린 시절에 부모와 놀아본 경험이 없는 경우가 많다. 구체적으로 들여다보면 엄마 대신 집안일을 해야 했거나 너무 깔끔한 엄마 덕분에 어지르지 못했던 상처, 많은 잔소리와 통제로 마음대로 놀지 못했거나 놀이마저도 정해진 답을 강조하거나 또는 부모님의 공부에 대한 과도한 기대로 놀이를 허용받지 못한 경우 등이다. 행복한 가정은 서로 엇비슷하고 불행한 가정은 모두 제각각의 이유가 있다던 톨스토이의 말처럼 아이와의 놀이가 힘든 데에도 다양한 각각의 이유가 있다.

하지만 그 상처를 자각하고 치유하여 아이에게 좋은 놀이 환경을 만들어주었으면 좋겠다. 놀이는 아이들의 언어고, 엄마는 그런 아이를 키우며 다시 한번 아름답게 태어날 수 있는 소중한 기회를 얻기 때문이다.

엄마 공부 7

엄마 휴일을 선언해보세요

"아무리 바쁜 직장도 휴일과 휴가가 있는데 엄마라는 직업에만 쉬는 날이 없다는 건 말이 안 된다고 생각하지 않나요? 오늘은 가족들에게 당당하게 휴일을 선언해보세요. 사람은 '쉼'을 통해 활력과 에너지를 얻으니까요. 집안일도 아이들의 욕구도 오늘은 최대한 미뤄두고 나에게 집중해보세요. 가족과 주변 사람들만 배려하지 말고 소중한 나도 배려해주세요. 무엇을 하고 싶나요? 무엇이 먹고 싶나요? 어디로 가고 싶으세요? 당신에게 휴일이 생긴다면 자신을 위해 무엇을 하고 싶은가요? 오늘은 당신이 원하는 그 일을 해보세요. 당당하게 나에게도 휴식이 필요하다고 얘기하고, 당신을 위한 하루를 보내보세요. 욕구가 채워진 자리에는 의욕과 열망이 채워진답니다. 당신을 응원할게요!"

8

여덟 번째 씨앗

뇌에게 주는 최고의 선물 책

길을 잃었을 때 책 속으로 들어가라

아이의 성장에는 반드시 책이 필요하다.
책을 많이 읽은 아이는
창의력의 큰 축인 배경지식과 다양한 경험,
상상력을 모두 획득할 수 있는
최고의 무기를 손에 쥐는 것이다.

배경지식과 다양한 경험을 쌓는 방법

앞서 아이의 성장에 도움이 되는 키워드로 꼽은 '배경지식'과 '다양한 경험'은 어떻게 쌓아야 할까?

2014년 인천 아시안게임 때 박태환 선수의 수영 경기를 보러 경기장에 간 적이 있다. 수영을 특별히 좋아하는 건 아니었지만, 선물받은 티켓이 있었고, 내가 사는 지역에서 멋진 축제가 열리고 있다는 생각에 한 번쯤은 직접 현장에서 경기 관람을 해보고 싶었다. 그리고 그날, 정말 놀라운 경험을 했다. 수영 경기를 지켜보며 '직접 경험'의 생동감을 온몸으로 느끼게 된 것이다.

그 전까지 내가 알던 수영 경기는 지루한 스포츠였다. 올림픽 때마다 텔레비전 화면 속에서 몇 번 보았는데, 그냥 수영장 레일 안에서 왔다갔다 하다가 결승 벽을 먼저 터치하면 끝나버리는 아주 싱거운 게임이었다. 하지만 눈앞에서 본 수영 경기는 완전히 달랐다. 솔직하게 말하면 탄탄하게 벌어진 어깨를 가진 수영선수들이 경기장에 등장할 때부터 충격이었다. 사람의 어깨가 어떻게 저렇게 탄탄한 근육질로 이루어질 수 있을까 싶은 생각이 들었는데, 모든 수영선수의 어깨가 그랬다. 수영선수들의 어깨가 넓다는 말은 들었지만 그걸 실제로 보는 느낌은 완전히 다르게 다가왔다. 저 어깨가 만들어지기까지 얼마나 많은 시간 동안 땀과 눈물을 흘리며 고된 연습과 훈련을 감내해왔을지 그 노력의 크기가 고스란히 전해졌다.

또한 출발대 위로 올라서는 선수들의 긴장이 나에게도 전해졌고, 출발 신호와 함께 거칠게 물살을 가르며 수면 위로 나타났다 사라지는 선수들의 모습은 손에 땀을 쥐게 했다. 엎치락뒤치락 반복되는 장면 속에서 그들의 긴장감과 물살을 휘젓는 박진감, 순식간에 레일저 너머로 뻗어나가는 생생한 속도감까지 그 모든 것을 온전하게 느낄 수 있었다. 정말이지 눈앞에서 보지 못했다면 상상할 수도 없는 가슴 벅찬 느낌이었다.

함께 간 아이 역시 텔레비전에서 보던 것과 전혀 다르다며, 수영이 이렇게 재미있는 경기인지 미처 몰랐다고 발을 구르면서 좋아했다. 직접 경험과 간접 경험의 차이는 실로 어마어마했다. '이게 말로만 듣던 현장감이구나' 하는 것을 고스란히 경험했다. 뿐만 아니라 경기를 보고 나니 수영선수들이 그 자리에 서기까지 얼마나 많은 노력의 시간을 보냈는지 새삼 와닿았고 그것을 계기로 나 역시 삶의 활력을 되찾았다.

사람은 경험한 만큼 성장한다. 아이는 특히 더 그렇다. 오감을 통해 아주 많은 것들을 보고, 듣고, 맛보고, 느끼고, 생각하면서 성장해야 한다. 적어도 초등학교 시기까지는 더 그렇다. 학교 수업을 마치면 학원 수업으로, 학원 수업이 끝나면 온갖 숙제들에 파묻혀 책상 앞의 경험으로만 성장해서는 안 된다. 하임 기너트 박사의 말대로 아이들은 굳지 않은 시멘트 같아서 무엇이든 그 위에 떨어지면 선명한 흔적을 남기기 때문에 더욱 그렇다.

그러나 알다시피, 세상에 있는 모든 것을 직접 경험하기에는 때때로 위험하기도 하고, 현실적인 여건상 체험할 경제력이 뒷받침되지 않는 경우도 많다. 그래서 우리는 다양한 직접 경험의 대체물로서 '책'이라는 도구를 아이에게 선물해야 한다. 아이를 성장시킴에 있어 책만큼 덜 위험하며 효율적인 도구를 찾기 힘들다. 책을 통해 우리는 모든 지식의 기초인 어휘력, 이해력, 사고력, 표현력, 논리력, 집중력, 문제해결력 등을 자연스럽게 배울 수 있다. 그리고 어린 시절에 이렇게 익힌 능력은 이후 학교에 입학한 뒤 학교 성적과도 연결되는 부분이 크기 때문에 책은 다양한 면에서 아이를 성장시키는 훌륭한 도구다.

아이의 성장에는 반드시 책이 필요하다. 아이에게 다양한 책을 보여주자. 창작동화, 수학동화, 과학동화, 전래동화, 명작동화, 위인전, 자연관찰, 역사, 철학, 문화, 신화, 종교 분야의 책 등 아이가 성장해 감에 따라 다양한 영역의 책을 읽을 수 있도록 신경을 쓰자. 책을 많이 읽은 아이는 창의력의 큰 축인 배경지식과 다양한 경험, 상상력을 모두 획득할 수 있는 최고의 무기를 손에 쥐는 것과 같다.

독서교육의 중요성에 대해서는 많은 부모들이 알고 있으리라 믿는다. 다만 강연에서 어머니들이 자주 질문했던 독서교육의 오해와 궁금증을 토대로 몇 가지 이야기를 해볼까 한다.

책 읽기가 알려준 것들

첫째 아이가 다섯 살 때 한동안 서점에만 가면 '셜록 홈즈' 시리즈를 읽으며 추리소설에 푹 빠져 있었다. 《바스커빌 가의 개》, 《입술이 비뚤어진 남자》, 《공포의 계곡》 등 제목부터 범상치 않은 내용의 책을 읽었는데, 나 역시 중학교 시절에 '셜록 홈즈' 시리즈를 읽었기에 아이가 어떤 내용을 읽고 있는지 충분히 짐작할 수 있었다. 그래서 더욱 걱정이 되었다.

시리즈의 모든 내용은 일단 살인에서 시작한다. 방법도 각양각색이다. 목을 졸라서 죽이거나 독을 먹여서 죽이거나, 총을 쏘아 죽이거나 때로는 동물을 이용하기도 한다. 원한이든 애증이든 여러 가지 이유로 인하여 일단은 사람을 죽이고 나서 시작되는 이야기들이다. 그런 내용을 다섯 살 아이가 읽고 있는 것을 어떻게 바라봐야 할까?

엄마로서 정말 걱정이 되었다.

처음에는 말리고 싶었다. 아무리 생각해도 어린 아이가 읽기에는 정서적으로 좋지 않다는 생각이 들었던 것이다. 그래서 말려보기도 하고, 서점에 가지 않기도 했지만 큰 효과가 없었다. 책을 좋아했고 많이 읽었던 아이를 위해 집에 있는 다 읽어버린 책 말고 새로운 책을 주고 싶었다. 모든 책을 돈 주고 살 수는 없었기에 결국은 다시 서점을 이용했고, 서점에만 가면 아이는 '셜록 홈즈' 시리즈를 읽었다. 첫째 아이 밑으로 아직 글자를 모르는 두 동생이 있었기에 동생들에게 책을 읽어주며 이것저것 챙기다 보면 아이는 어느새 홀로 서점 한 귀퉁이에 앉아 추리소설에 심취했다. 내가 어떻게 할 수 없다는 생각이 들자 그냥 실컷 읽게 놔둬야겠다고 마음을 먹었다.

그러던 어느 날이었다. 주말마다 온 가족이 즐겨가는 천 평 규모의 서점에 갔을 때였다. 그곳은 세 아이가 아주 어려서부터 기어 다니고, 걸어 다니고, 책을 읽으며 자랐던 서점이었다. 그래서 서점의 모든 직원이 세 아이를 알고 예뻐하셨다.

그날도 서점에 들어서니 계산대에 있는 직원 분이 방긋 웃으며 아이들을 맞아주었다. 그러면서 책을 구매하거나 서점에 온 아이들을 위해 마련해둔 사탕항아리의 뚜껑을 열면서 "예쁜이들, 사탕 먹으면서 책 봐!" 하면서 항아리에 손을 집어넣었다. 그런데 하필 항아리 속에 사탕이 하나밖에 없음을 알고 당황하기에 이르렀다. 아이들에게 사탕을 준다고는 했고, 사탕은 하나밖에 남지 않았고, 어쩔 줄 몰라하던 직원 분이 서둘러 하는 말이 "얘들아, 사탕이 한 개밖에 없네. 너희 책 읽다가 나중에 이 사탕 사이좋게 나눠 먹어."

아, 그 순간 나는 망했다는 생각이 들었다. 조그만 사탕을 어떻게 세 명이서 정확하게 나눌 수 있느냔 말이다. 그 뒤에 일어날 일들은 보지 않아도 알 것 같았다. 사탕이 3분의 1로 정확히 나누어지지 않아 누가 더 크네, 작네 하면서 티격태격하다가 결국은 싸우게 될 것이 분명했다.

그 무시무시한(?) 상황에서 살아남기 위해서 나는 얼른 사탕을 남편에게 맡겼다. 사탕을 3분의 1로 나누지 못한 남편이 아이들의 원성을 듣게 될 테고 나는 그 책임의 굴레에서 벗어나고 싶었기 때문이다. 아니나 다를까 첫째 아이는 일단 1시간 동안 먼저 책을 읽은 뒤 쉬는 시간에 다시 모여 사탕을 나누어 먹자고 제안했다. 그렇게 우리는 각자 책을 읽으러 넓은 서점 안의 이곳저곳으로 흩어졌다.

왜 항상 나쁜 예상은 빗나가지 않는 것인지 그 1시간을 기다리지 못한 둘째 아이가 남편을 조르기 시작했다.

"아빠, 사탕 먹고 싶어! 사탕 어딨어? 나, 사탕 먹고 싶단 말이야!"

늘 그렇듯 아이의 모든 부탁을 흔쾌히 들어주는 남편은 뒷일일랑 생각도 하지 않고 "아이고, 우리 예쁜 현지, 사탕이 먹고 싶었어?" 하면서 사탕 껍질을 까더니 아이의 입속에 홀라당 사탕을 넣어주었다. 거기에 한술 더 떠 해맑게 웃으며 "사탕 맛있지?" 하면서 둘째 아이를 안아 올리고는 둘이서 아주 즐겁고 달콤한 시간을 보내고 있었다.

그때였다. 갑자기 서점의 저쪽 끝에서 첫째 아이가 행복한 얼굴을 한 채 달려오며 소리 쳤다.

"1시간 지났어! 이제 사탕 나눠 먹자. 정확히 3분의 1로 나누자!"

순간 나도 얼어붙고, 남편과 둘째 아이도 얼어붙었다. 너무 놀란 나머지 둘째 아이는 한참 맛있게 빨고 있던 사탕을 입 밖으로 떨어뜨리기까지 했다. 서점 끝에서 사탕 먹을 생각에 신나게 달려오던 첫째 아이는 이 범상치 않은 기운을 감지했는지 중간쯤에서 우뚝 멈춰 섰다. 그러고는 한참 동안 매의 눈빛으로 아빠와 동생, 나를 바라보더니 아주 기분 나쁜 표정으로 이야기하기 시작했다.

연수: 사탕은?

남편: (몹시 당황하며) 글쎄, 사탕이 어디 있지? 1시간 뒤에 먹기로 해서 주머니에 넣어뒀는데… 이상하네(주머니를 뒤지면서), 왜 사탕이 없지? 지갑 꺼내면서 떨어뜨렸나? 어떡하지? 사탕이 없는데….

연수: (기분 나쁨과 단호함이 섞인 표정으로) 아빠, 거짓말 하지마. 아빠가 거짓말만 안 했어도 내가 기분이 덜 나빴을 텐데 거짓말을 하니까 더 화가 나!

남편: 아니야, 거짓말 아니야. 진짜 없어졌어!

연수: (아주 당당한 태도로) 아니, 아빠는 나에게 거짓말을 하고 있는 것이 분명해. 1시간 뒤에 사탕을 나눠 먹자고 했지만 아마도 현지는 그 1시간을 기다리기 힘들었을 거야. 그래서 사탕을 가지고 있는 아빠를 졸랐겠지. 아빠는 언제나 그랬듯이 현지의 요구를 선뜻 들어주었을 거야. 사탕 껍질을 까서 현지 입속에 사탕을 넣어주었겠지! 아마 현지는 평소처럼 사탕을 빨면서 천천히 녹여 먹고 있었을 거야. 그런데 그때 내가 사탕을 먹자며 달려온 거지. 얼마나 놀랐겠어? 분명히 둘 다 당황했을 거야. 특히 현지는 너무 놀란 나머지 빨고 있던 사탕을 입 안에서 떨어뜨렸을 게 분명해. 바로 아빠와 현지의 발밑에 떨어져 있는 먹다 만 사탕이 그 증거야. 저 사탕은 조금 전에 서점 언니가 우리에게 나눠 먹으라고 준 사탕과 같은 종류거든!

옆에서 남편과 첫째 아이를 지켜보던 나는 깜짝 놀라고 말았다. 아이의 말은 마치 CCTV로 모든 상황을 지켜본 사람처럼 너무나도 정확했기 때문이다. 그 순간 나는 깨달았다. 첫째 아이의 빈틈없는 논리성은 그렇게도 열심히 읽던 추리소설을 통해 배웠다는 것을! 아이는 나의 기우대로 '셜록 홈즈' 시리즈를 통해서 살인과 인간에 대한 증오, 배신을 배운 것이 아니라 논리적인 추론 능력을 배운 것이었다.

책의 종류와 수준은 아이가 결정한다

안타깝게도 나의 이런 깨달음은 첫째 아이에게만 해당되었다. 어려서부터 남다르다고 믿었던 첫째 아이는 사실 걱정은 했지만 왠지 모르게 믿어지는 구석이 있는 아이였다. 그래서 내가 어찌할 수 없는 상황이라면 그냥 믿고 놔두자고 결심할 수 있었다. 하지만 두 동생들에겐 그렇지 않았다. 특히 막내 아이는 세 아이 중 어린 시절에 가장 책을 적게 읽은 아이였다.

그럴 수밖에 없던 것이 글자를 모르는 둘째 아이가 있었기 때문에 막내 아이만을 위해서 시간을 내어 책을 읽어 줄 수가 없었다. 또 막내 아이가 세 돌을 갓 넘겼을 무렵에는 나에게 급성 허리디스크 파열이 찾아와 몸을 움직일 수가 없었다. 어쩔 수 없이 막내 아이와 첫째 아이를 외가댁에 보내게 되었는데, 그러다 보니 여러모로 책 읽기를 습관으로 잡아줄 여유가 부족했다. 책을 정말 좋아하던 아이였는데 외가댁에서 돌아온 후 아이는 몇 년간 스스로는 거의 책을 찾지 않는 아이가 되어 있었다.

그런 막내 아이가 가끔씩 읽어달라고 책을 가져왔는데 대부분은 첫째 아이가 읽고 있던 글자가 빼곡한 책이나 내가 읽고 있던 육아서였다. 이해가 되지 않았다. 책을 많이 읽지 않은 막내 아이에겐 일단 어휘부터가 만만치 않은데다가 읽어줘도 이해할 수 없을 내용의 책들을 왜 자꾸 가지고 오는가 싶었다. 나도 읽어주기 힘들고 아이도 이해 못할 책을 읽으며 시간과 에너지를 쓰기 싫어서 막내 아이가 책을 가지고 올 때마다 한 페이지 정도 읽어주다가 핑계를 대며 자리를 떴다. 그런 와중에 중간 중간 어르고 달래서 낮은 단계의 책, 지금 막내 아이에게 딱 맞는 수준의 책을 읽어주려고 노력했다. 하지만 아이는 그런 책에는 얼마 집중하지 못하고 다른 곳으로 가버렸는데 한참 시간이 지나고 나서야 내가 잘못했다는 것을 깨달았다.

책의 수준과 종류는 아이가 결정하는 것이다. 엄마의 좁은 기준 속에 아이를 넣어두고 이것은 옳고, 저것은 틀리므로 너는 내 말을 들어야 한다는 고집과 편견을 주장하는 것이 아니라 엄마의 역할은 온전히 내 아이를 따라가는 것이다. 커피를 좋아하거나 액세서리를 좋아하거나 자동차를 좋아하는 것처럼 사람마다 좋아하는 대상과 취향이 다른 것일 뿐 절대적으로 옳은 것은 없다.

아이의 책 읽기도 마찬가지다. 아이가 가져오는 책을 그저 읽어주면 된다. 읽어주다 보면 아이 스스로 판단하게 된다. "이 책은 재미없네" "아이, 어려워" "와, 재밌다" 하고 말이다. 흥미가 없다면 다시는 그 책을 가져오지 않을 텐데 나의 기준과 판단으로 선을 그을 필요는 없다. 나의 좁은 틀로 미리 판단하여 그 경험조차 빼앗을 필요가 없는 것이다. 내가 너보다 조금 더 살았다는 이유로, 조금 더 안다는 이유로 아이가 스스로의 취향과 수준을 선택할 기회조차 주지 않는 건 곤란하다.

"이 책은 너에게 어려운 책이야, 그러니까 네 수준에 맞는 쉬운 책을 가져와"라는 말을 반복적으로 듣고 자란 아이는 '아, 이런 책은 나에게 어렵구나'라고 생각하게 되고 자신의 한계를 스스로 낮게 설정하며 자랄지도 모른다. 그저 엄마의 틀을 넓히며 아이를 따라가자. 이러한 시간들이 쌓여서 아이는 자기주도적인 힘을 가지고 자신만의 능력과 색깔로 자라게 될 테니까.

부모는 그저 아이를 믿고 따라가야 한다는 것을 상기시켜주는 시 한 편을 소개한다.

● 만일 내가 다시 아이를 키운다면

- 다이아나 루먼스

만일 내가 다시 아이를 키운다면 먼저 아이의 자존심을 세워주고 집은 나중에 세우리라. 아이와 함께 손가락으로 그림을 더 많이 그리고 손가락으로 명령하는 일은 덜 하리라. 아이를 바로잡으려고 덜 노력하고 아이와 하나가 되려고 더 많이 노력하리라. 시계에서 눈을 떼고 눈으로 아이를 더 많이 바라보리라.

만일 내가 다시 아이를 키운다면 더 많이 아는 데 관심 갖지 않고 더 많이 관심 갖는 법을 배우리라. 자전거도 더 많이 타고 연도 더 많이 날리리라. 들판을 더 많이 뛰어다니고 별들을 더 오래 바라보리라. 더 많이 껴안고 더 적게 다투리라. 도토리 속의 떡갈나무를 더 자주 보리라. 덜 단호하고 더 많이 긍정하리라. 힘을 사랑하는 사람이 아니라 사랑의 힘을 가진 사람으로 보이게 하리라.

만화책으로 토론 능력을 키우다

많은 부모들이 만화책을 즐겨보는 아이를 보며 걱정한다. 어디에서 듣기를 "만화책을 많이 보면 나중에 긴 문장을 못 읽는다고 하던데요"라고 말하면서 어떻게 하면 다시 글줄 책으로 옮겨갈 수 있는지 묻곤 한다. 그런데 이미 만화책의 재미를 알아버린 아이들의 경우 즐겁게 읽던 만화책을 놔두고 엄마들의 바람대로 글자가 빼곡한 책(그것이 정보 위주의 책이라면 더욱더)을 읽는 일은 잘 일어나지 않는다. 학교나 동네 도서관만 가도 만화책이 잔뜩 있어서 마음만 먹으면 엄마의 눈을 피해 얼마든지 읽을 수 있기 때문에 세상의 모든 만화책을 숨기지 않고서는 불가능에 가깝다.

나는 아이가 이왕 만화책을 접하고 즐겨 읽는다면 오히려 만화책을 아이의 교육에 적극 활용하자고 주장한다. 만화책은 장차 우리 아이들이 자라서 필요한 대화와 설득, 토론 능력을 쌓을 수 있는 아주 좋은 징검다리 역할을 하기 때문이다.

세 아이 모두 초등학교에 다닐 때였다. 세 명 모두 만화책을 좋아했는데 그중에서도 특히 《코믹 메이플 스토리》를 무척 좋아했다. 낮이고 밤이고 《코믹 메이플 스토리》를 읽으며 키득키득거렸고, 신간이 나오기라도 하면 즉시 구매하여 즐겁게 읽은 뒤 이전 시리즈들을 다시 차곡차곡 쌓아가면서 읽을 정도로 좋아했다. 그러다 보니 우리 집에는 《코믹 메이플 스토리》 책이 늘 여기저기 돌아다녔다.

그러던 어느 날, 아이들을 학교에 보내고 청소를 하다가 온 집안에 나뒹굴던 《코믹 메이플 스토리》 시리즈 중 한 권을 읽어 보다가 갑자기 좋은 생각이 났다.

그래서 그날 하교한 막내 아이에게 이렇게 말했다.

"하윤아! 엄마가 오늘 너희 학교에 가 있는 동안 《코믹 메이플 스토리》를 읽었거든. 너무 재밌더라! 근데 할 일이 너무 많아서 계속 읽지 못해서 말인데 그 '암리타'를 지금 누가 가지고 있는 거야?"

자신이 즐겁게 보는 만화책에 엄마도 관심을 보이며 질문해주는 것이 좋았는지, 우리 집 막내 아이는 흥분을 하며 대답했다. 그러다 보니 평소와는 다르게 앞뒤가 맞지 않는 대답을 한참 떠들어댔는데 그 순간 깨달았다. '만약 아이가 좋아하는 만화책을 부모와 함께 읽고 대화를 나누다 보면 아이가 중구난방 맥락도 없고 논리도 없이 떠들던 이야기들을 점차 상대방이 이해할 수 있을 만큼 논리정연하게 전달할 수 있지 않을까?' 하고 말이다.

그날 이후, 첫째 아이 여섯 살 때, 둘째 아이 다섯 살 때, 막내 아이가 세 살 때부터 시작하여 세 아이의 성장에 많은 도움을 주었던 식탁 대화의 소재를 아이들이 좋아하는 《코믹 메이플 스토리》로 바꾸었다. 한동안 식탁 대화의 소재 고갈로 아쉬워하던 참이었는데 다시 식탁 대화에 불이 붙었다.

"혼테일은 왜 암리타가 필요할까?"

"도도 하면 무엇이 떠오르니?"

"어떤 동물이 너희의 정령(매직펫)이 되었으면 좋겠어?"

식탁에선 다시 웃음소리가 이어졌고, 아이들은 밥풀을 튀겨가며 자신의 생각을 이야기했으며, 점차 자신의 생각을 상대방이 이해할 수 있을 만큼 논리적으로 말하는 실력을 키우게 되었다.

아이의 관심사는 좋은 대화 주제가 된다

둘째 아이가 과학고에 가고 싶다고 하여 정보 수집 차 몇 번 설명회에 참석한 적이 있다. 먼저 학교를 대표하여 나온 선생님께서 학교 소개 및 입학 절차와 지원자격 등을 설명해주셨고, 그 후 참석한 학부모들과의 질의응답 시간이 이어졌다. 설명회가 끝날 때까지 남아 있다 보면 다른 학부모들의 질문을 통해 궁금했거나 내가 미처 생각지 못했던 학교 지원 정보에 대한 구체적인 이야기를 들을 수 있어 많은 도움이 되었다. 그런데 설명회에 참석할 때마다 학부모들로부터 듣게 되는 반복적인 질문이 있었다.

"예전처럼 대외 수상실적도 의미가 없고 오로지 학교에서 보낸 기록만으로 아이들을 선발한다고 하셨는데, 사실 이 정도의 학교에 지원하는 아이들이라면 다들 생기부(생활기록부)가 비슷할 거라고 생각합니다. 학교 성적도 뛰어나고, 교내 수상실적과 동아리 활동도 다 비슷할 텐데 대체 무엇을 비교평가하여 아이를 뽑는다는 건지 잘 모르겠습니다. 한 가지 짐작되는 것은 결국 면접이 관건일 수 있겠다는 생각이 드는데 여기서 궁금한 점이 있습니다. 저희 아이는 남자아이입니다. 일반적으로 남자아이들이 여자아이들보다 말을 조리 있게 못하지 않습니까? 아이가 알고 있는 지식의 깊이만큼 말로 잘 전달하지 못해서 여자아이들보다 불리하다는 생각이 드는데 이런 부분에 대한 보완점, 즉 남자아이들을 위한 가산점이나 대안이 있는지 궁금합니다."

신기하게도 이런 질문이 나오면 주변에 계신 많은 학부모들이 아주 작은 소리로 "나도 그게 궁금했어! 확실히 여자아이들에게 유리한 전형으로 바뀌는 것 같아"라고 수군대는 소리를 자주 듣게 된다. 한 번이 아니고 설명회에 참석할 때마다 그런 이야기를 듣는데, 개인적으로는 좀 어이가 없다는 생각이 들었다.

나 또한 일반적으로 남자아이들에 비해 여자아이들이 말을 잘한다는 이야기에는 동의한다. 하지만 그런 논리라면 우리 사회에 일반화된 또 하나의 이야기가 있다. 여자아이들이 남자아이보다 수학을 못한다는 것이다. 실제로 과학고의 입학생 성별 비율만 비교해보아도 남자아이들이 월등히 높음을 알 수 있는데, 그렇다면 이것은 남자아이들에게 유리한 학교라고 봐도 되는 것일까?

내 아이에게 부족함이 있다면 그 부분을 보완해서 지원을 하면 될 일을 가산점까지 들먹이는 것이 나는 영 아니라는 생각이 들었다. 자기 아이만 챙기는 이기적인 모습으로 느껴졌기 때문이다.

우리나라 최고의 MC로 유재석 혹은 손석희를 꼽는 데 이견을 보이는 사람은 많지 않을 것이다. 이 두 사람은 모두 남자다. 자신의 분야에서 최고가 되기 위해 많은 시간 다양한 노력을 했으리라고 생각한다. 이것이 포인트다. 재능만 가지고는 무언가를 이루는 데 한계가 있다. 노력이 필요하다. 그런데 이 노력이 억지로 짜내어서 하는 일이라면 이 또한 힘이 들어 중간에 포기하게 된다. 만화책의 장점이 이 부분이다. 아이가 좋아하는 만화책에 엄마가 마음을 열고, 아이와 함께 이런저런 이야기를 나누는 것만으로도 우리는 미래 사회에서 필요한 인재의 역량 중 하나인 책을 읽고, 대화를 하고, 토론하는 능력을 즐겁게 익힐 수 있다.

내가 아는 지인 중에는 거실 양쪽 벽이 온통 만화책으로만 덮여 있는 집이 있다. 책 읽기를 늦게 시작한 아이에게 책에 대한 흥미를 먼저 붙여주어야겠다는 생각에 아이가 사달라고 하면 어떤 종류의 책이든 사주었는데, 그 책이 모두 만화책이었기 때문이다. 그 아이는 초등학교 6학년 때 영재원에 선발되었다. 그러므로 만화책에 대한 편견을 버리고 아이가 좋아한다면 그 만화를 활용해 멋진 추억도 쌓고, 학습적인 시간도 만들어보았으면 좋겠다.

아이들이 어느 정도 자라고 두 아이가 기숙사 생활을 하다 보니 요즘은 통 식탁 대화를 나눌 시간적인 여유가 없다. 하지만 식탁 대화를 통해 쌓았던 시간과 추억은 늘 아름답고 감사하게 남아 있다. 식탁 대화, 내가 정말 자신 있게 추천하는 훌륭한 자녀교육법이다. 아이가 좋아하는 책을 함께 읽고, 그 내용을 바탕으로 많은 이야기를 나누어보자.

판타지 소설의 뛰어난 학습 효과

둘째 아이는 초등학교 저학년 내내 만화책을 읽었다. 만화책만 읽는 아이의 모습을 싫어하진 않았지만 나 역시 그때는 지금처럼 경험의 폭이 넓고 깊지 않았기에 너무 만화만 보는 아이가 때때로 걱정이 되었다.

그런 아이가 초등학교 3·4학년 즈음부터 줄글 책을 읽기 시작했다. 판타지 소설이었다. 말풍선에 들어가 있는 글만 보던 아이가 《드룬의 비밀》, 《마법의 시간 여행》 등 긴 문장이 나열된 줄글 책을 읽기 시작하자 처음에는 내심 기쁜 마음이 들었다. 하지만 아이가 점차 고학년으로 옮겨가면서 또 다시 걱정이 되었다. 여전히 판타지 소설에 심취해 있었고, 그 외 다른 영역의 책에는 별 관심이 없었기 때문이다.

《타라 덩컨》, 《해리포터》, 《꿈꾸는 책들의 도시》를 거쳐 더 이상 읽을 판타지 소설이 없자 아이는 어른들이 주 독자층인 《드래곤 라자》 등의 판타지 소설을 읽어나갔다. 아이가 초등학교 6학년이 되자 그런 아이를 바라보며 조금 심각하게 고민을 했는데, 판타지 소설을 읽고 나서 아이가 보여준 행동 때문이었다.

"엄마, 나 너무 슬퍼. 책에서는 지팡이를 휘두르며 '아씨오' 하고 외치면 잃어버린 물건을 찾을 수 있는데 나는 아무리 지팡이를 휘둘러도 내가 찾고 싶은 물건이 안 나타나."

"엄마, 나도 마법의 세계에 가고 싶어. 자고 일어나면 어느새 마법의 세계로 들어가 있어서 하늘도 날고, 용도 만나고, 정말 신나는 모험을 하고 싶어. 왜 나는 마법의 세계에서 초대해주지 않을까?"

그런 말을 들을 때마다 덜컥덜컥 겁이 났다. '내년이면 중학생이 되는데 아직도 현실과 상상의 세계를 구분하지 못하는 건가? 이 정도 나이가 되면 그 정도는 구분할 줄 알아야 하는 것이 아닐까? 판타지 소설만 너무 봐서 그런 걸까? 아, 어쩌지? 지나간 세월을 돌릴 수도 없고!' 그런 생각을 하다 보면 어느 순간 아무짝에도 쓸모없고, 도움은커녕 아이에게 해로움만 주는 것 같은 판타지 소설을 읽는 아이가 몹시 걱정되었다.

그러던 어느 날이었다. 일주일에 한 번, 엄마와 단둘이서 동네 산책을 하는 날이 돌아왔다. 그날은 둘째 아이와 함께하는 산책 날이었는데 우리는 늘 그랬듯이 저녁 식사를 마치고 밖으로 나왔다. 슈퍼에 들러 음료수를 하나 샀고, 손깍지와 팔짱을 낀 뒤 온 동네를 거닐며 수다를 떨었다. 걸으면서 최근에 인기 있는 아이돌과 유행하는 노래에 대해 또 학교에서 가장 지루한 시간에 대해 이야기하면서 끊임없이 "그래?" "정말?" "와!" 따위의 감탄사를 내뱉으며 행복한 시간을 보냈다.

그때였다. 주황색과 보랏빛으로 물들어 있는 하늘을 손가락으로 가리키던 아이가 갑자기 "와! 엄마! 저 창공을 가로지르는 한 마리의 아름다운 새를 봐! 너무나도 매혹적이지 않나요?"라고 말하는 것이 아닌가!

순간 '딩~' 하고 머리가 무겁고 커다란 징에 부딪힌 느낌이었다. 너무나 일상적이지 않은 문어체적인 느낌의 어휘가 귓가에 연속적으로 들려오는데 '이게 뭐지?' 싶었던 거다. 책에서나 본 듯한 멋진 어휘를 들려주는 아이는 늘 어려서부터 책을 많이 읽은 첫째 아이였기 때문이다. 첫째 아이와 이야기를 나누고 있으면 그 해박한 대화 소재와 고급스럽고도 풍부한 어휘들로 인해 얘기 나누는 시간이 그렇게 즐거울 수가 없었다. 그렇게 내게 남다른 언어를 사용하는 아이는 언제나 첫째 아이였다.

반면에 책을 많이 즐기지 않았던 둘째 아이는 그냥저냥 별 감흥이 없는 단어들을 사용했는데, 이상하게도 그 무렵 자주 내 귀를 쫑긋쫑긋하게 하는 어휘들을 곧잘 사용하고 있었다. '갑자기 둘째 아이의 어휘가 왜 이렇게 고급스러워졌지?'라고 생각하던 차에 "창공을 가로지르는…"이란 말을 들으니 또 한번 놀라게 된 것이다. 하지만 이러한 의문만 남기고 바쁜 일상 속에서 그 일은 기억 너머로 잊혀졌다.

그로부터 며칠 후였다. 세 아이를 학교에 보내놓고 청소를 하다가 방바닥에 쌓여 있는 《드래곤 라자》를 보게 되었다. 그냥 책꽂이에 꽂으려다가 도대체 저 책의 무엇이 그렇게도 재미있어서 첫째 아이는 물론이고 둘째 아이까지 넋을 놓고 보나 싶어 책을 들어 아무 페이지나 펼쳐서 읽어봤는데, 거기에 그 문장이 쓰여 있었다.

"창공을 가로지르는 한 마리의 아름다운 새가…."

그때서야 알게 되었다! 최근 들어 둘째 아이가 사용하는 어휘가 부쩍 고급스러워지고 풍부해진 것이 모두 판타지 소설을 주구장창 읽었기 때문이라는 것을.

판타지 소설의 장점이 또 하나 있다. 판타지 책들은 다른 영역의 책들보다 양에 있어 현저히 두껍다. 이런 책들을 좋아하다 보니 둘째 아이는 학교에서도 읽겠다고 늘 가지고 다녔다. 교과서를 다 합친 것보다 더 두꺼운 책(어떤 판타지 책은 1,000페이지가 훨씬 넘는다)을 쉬는 시간마다 펼쳐보는 둘째 아이를 보면서 같은 반 친구들이 (그 두께에 놀라) 공부깨나 하는 아이로 알았던 모양이다. 둘째 아이는 그냥 책이 재미있어서 본 것뿐이고 자신이 공부를 잘한다고 말한 적도 없는데(실제로도 공부를 잘하지 않았다) 친구들은 매번 그렇게 오해를 한 모양이다.

중간고사가 다가온 어느 날 둘째 아이가 말했다.

"엄마, 아이들이 모르는 문제가 있으면 자꾸 나한테 가지고 와서 질문을 해. 모른다고 대답할 때마다 부끄러워 죽겠어. 엄마, 아무래도 내가 친구들의 기대에 부응을 해야 할 것 같아. 나, 이제부터 공부할래."

그렇게 둘째 아이는 자의 반 타의 반(?)으로 공부에 관심을 가지기 시작했다. 다시 생각해도 참 재미있는 일화다.

판타지 소설의 장점은 여기에서 그치지 않는다. 엄청난 두께의 판타지 소설을 읽는 데 익숙해진 둘째 아이가 중학교 1학년 때쯤에 있었던 일이다. 한참 '암'에 대해 궁금해하던 아이가 하교를 하면서 두껍기 그지없는 암에 관한 전공서적을 빌려와서 읽고 있었다. 아이 옆을 지나가다가 그걸 본 나는 살짝 걱정이 되었다. 드디어 판타지 외의 다른 영역에 관심을 가지게 된 것이 기뻤지만 저 딱딱하고 용어도 생소한 두꺼운 책을 읽다가 암에 대한 호기심을 채우기는커녕 재미없다고 몇 페이지만 읽다가 치워버리는 것이 아닐까 싶었기 때문이다.

"현지야, 암에 관한 책 빌려왔네? 재미있어? 엄마 생각에는 이 책보다 암에 대해서 더 쉽고 재미있게 풀어놓은 초등용 책부터 찾아서 읽어보는 것이 어떨까 싶어. 이 책은 전문용어도 많고 너무 두꺼워서 계속 읽다 보면 재미보다는 어렵게 느껴질 것 같은데, 어때? 이 책 반납하고 내일 다른 책을 빌려오는 거 말이야. 그게 암에 대한 너의 호기심을 채우는 데 더 도움이 될 것 같은데…."

"아니야, 엄마! 난 생각이 달라. 나는 암이 너무 궁금해서 책을 빌린 거야. 그러니까 되도록이면 암에 대해 많이 써놓은 두꺼운 책이 내 욕구를 채워주지 않겠어? 난 이 책이 좋아."

그때 또 깨달았다. 아이를 키우면서 그렇게도 아이를 따라가는 것이 옳다는 것을 매순간 느껴왔음에도 불구하고, 여전히 나는 나의 좁은 틀에 아이를 가둬두고, 이렇게 저렇게 내 뜻대로 아이를 재단하려고 했음을 말이다. 또한 그 어떤 순간에도 아이를 믿어줘야 한다는 것을 다시 한번 깨달았다.

그렇게 두께에 상관없이 자신의 흥미대로 책을 읽은 둘째 아이는 과학고에 진학한 뒤 두꺼운 대학 교재를 보면서도 별 거부감이 없었다. 초등학교 시절, 그렇게 열심히 판타지 소설을 읽던 아이를 말렸더라면 오늘날의 둘째 아이는 없었을 거라고 생각한다.

끊임없이 엄마의 틀을 넓히면서 아이를 수용하는 자세가 필요하다. 그게 쉽지 않다는 것을 잘 안다. 갈대 같은 부모의 마음으로는 참 힘든 일이라서 매번 부모 스스로 더 성장해야 함을 아이를 키우며 새록새록 느낀다. 하지만 나는 오늘 또 한걸음을 내딛으려 한다. 그러면 된다. 부디 지치지 않고 내 틀을 넓힐 수 있기를, 내 틀을 넓히기 전에 아이가 다 커버리지 않기를 바라면서 그렇게 나는 오늘 하루를 또 걷는다.

엄마 공부 8

오늘도 행복을 선택해보세요

"오늘은 어떤 하루를 보냈나요? 호기롭게 새로운 하루를 보내자고 생각했지만 이미 그 마음은 물 건너 사라진 듯 의기소침하고 맥이 빠지지는 않았나요? 내 마음 같지 않은 육아, 내 편 같지 않은 남편, 내 뜻 같지 않은 인간관계, 모든 게 나를 또다시 우울하게 만들지는 않았나요? 하지만 행복은 선택할 수 있습니다. 어떤 이유에도 불구하고 내가 행복하기로 선택하면 되지요. 자, 눈을 감고 세어보세요. 당신은 언제 행복했나요? 남편과의 첫 데이트, 아이의 심장박동 소리를 들었을 때, 아무도 없는 집에 홀로 앉아 책 읽던 순간, 우연히 들린 이름 없는 맛집의 황홀한 음식…. 그 순간들을 떠올리며 그 느낌을 온몸에 채워보세요. 나도 모르게 미소가 번질 거예요. 그렇게 오늘도 행복을 스스로 선택해보아요."

9

학교와 미래 사이에서의 방향

학교를 신뢰하되 방향은 갖고 가라

이 시대의 가장 큰 문제는 인간 자신이
무엇을 진정으로 원하는지 모르는 것.
내가 믿고 있는 신념만을 진실이라고 믿지 말라.
삶에는 숱한 예외와 변수들이 존재한다.

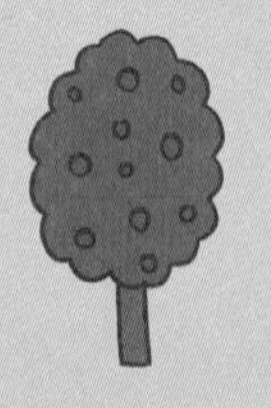

학교교육에 내 아이를 전부 맡기지 마라

어느 순간부터 주변에서 4차 산업혁명에 관한 이야기가 유행가처럼 들려오기 시작했다. 도대체 4차 산업혁명이 무엇인지 자세히 알고 싶은 마음에 검색을 하다가 놀라운 동영상 하나를 보게 되었다. 3D 프린터로 전기 자동차를 출력하여 시운전을 하는 영상이었다. 프린터기로 뽑은 차가 도로를 달리다니! 그 장면은 이전까지 막연하게 생각했던 새로운 세상이 고개를 돌리면 서 있을 것처럼 가깝게 느껴지게 했다. 현재의 직업 절반이 사라지는 새로운 세상이 멀지 않은 곳에서 우리를 기다리고 있다는 것이 보다 사실적으로 전해졌다.

많은 전문가들이 새로운 시대에 필요한 능력으로 '창의력'을 꼽는다. 하지만 우리나라의 학교교육은 창의성을 키우기는커녕 죽여가고 있다.

첫째 아이가 초등학교 1학년 때였다. 여름방학 며칠 전, 방학 계획표를 짜오는 숙제를 하게 되었다. 어떤 형태로 계획표를 작성해야 할지 몰라 그냥 방학 동안 아이가 하고 싶은 일들을 다음과 같이 적어 보낸 적이 있다.

〈연수의 방학 계획표〉

① 방학 동안 줄넘기를 30개 넘어야지!

② 일찍 일어나 옥상에 올라가야지!

③ 옥상에 올라가서 식물들의 특징을 적을 거야

④ 산에 올라가야지

⑤ 밥 먹고 산책을!

⑥ 바다에 갈 거야

⑦ TV는 조금만!

아이의 계획표를 보니 웃음이 나왔다. 참 아이다웠기 때문이다. 방학 동안 자신이 꼭 지킬 수 있는 목표를 세워둔 모습이 그랬고 첫 방학에 대한 설렘과 기대도 느껴졌다. 한편으로는 이 정도면 100퍼센트 실천할 수 있겠다는 기특한 생각도 들었다.

그런데 아이의 숙제를 검사한 선생님께서 이런 식으로 해서는 안 된다고 하셨단다. 내가 초등학교 시절에 그려갔던 동그란 시계 모양 안에 하루의 일과를 빼곡하게 채워 와야 한다고 하신 거다.

그때 생각했다. '와, 정말 변함이 없구나. 아직도 지켜지지 않을 방학 계획표를 만들고, 선생님 역시 아이들이 지키지도 않을 계획표를 알면서도 요구하는구나' 싶은 생각이 들었다.

또 한번은 첫째 아이가 중학교에 다닐 때였다.

"엄마, 너무 속상해! 선생님께서 서술형 문제에서 내 점수를 깎으셨어. 내가 정답을 맞혔는데도 답만 맞으면 안 되고 그 과정도 맞아야 한다며 부분 점수만 주시겠대."

"과정을 서술하는 부분에서 실수를 한 거야?"

"아니야, 엄마! 선생님께 찾아가서 내가 서술한 과정에 이상이 없다고, 논리적으로 풀이과정을 말씀드렸는데도 가르쳐준 대로 풀지 않아서 감점을 하는 거래. 그런 게 어디 있어? 수학 문제를 푸는 방법이 한 가지만 있는 것도 아닌데 나처럼 풀어도 되는 건데 왜 꼭 선생님께서 알려주신 대로만 풀어야 해? 너무 억울해!"

선생님 말씀은 선행학습금지법이 통과된 이후, 사교육을 통한 선행학습을 막기 위해 수업시간에 알려준 방법으로만 문제를 풀어야 한다는 것이었다. 진즉에 그런 말씀을 해주셨다면 아이도 배운 대로 답안지를 작성했을 텐데, 듣고 보니 나 역시도 속상한 마음이 들었다. 왜냐하면 첫째 아이는 선생님 말씀처럼 사교육을 통한 선행학습으로 문제를 푼 것이 아니었기 때문이다. 학원을 다니지 않고 오히려 혼자서 공부를 하다 보니 이런저런 궁리를 하면서 더 창의적이고 다양한 풀이방법을 알게 된 것인데, 단지 선생님이 알려준 대로 풀지 않았다는 이유로 감점을 받는 것은 이해하기 어려웠다. 애초에 서술형 문제의 도입 취지 역시 단순한 암기를 통한 문제 풀이가 아니라 창의적인 문제해결력을 기르기 위해서였는데 이것이 새로운 법(선행학습금지법)과 충돌하며 애꿎은 피해자가 생긴 것이다.

그뿐만이 아니었다. 창의력과 협업을 중요시하는 새 시대에 걸맞게 학교에서도 다양한 시도들이 이루어지고 있지만 그 의도와 달리 본질이 변질되어가는 느낌을 자주 받았다. 대표적인 것이 조별 과제다. 학교에서 내주는 팀별 과제는 조원들의 참여가 필수적이다. 하지만 많은 아이들이 학원에 가야 한다며 모임에 나오지 않는 경우가 허다했다. 그러다 보니 늘 과제를 하는 아이만 해가는, 말만 조별 과제인 경우가 참 많았다.

세 아이는 조별 과제 때문에 몸고생, 마음고생을 자주했다. 함께 자료를 조사한 아이가 나중에 밴드로 그 내용물을 올리기로 했는데 과제 제출 이틀 전까지 소식이 없는 거다. 제출 기간이 다 되어간다고 수시로 연락을 해도 할머니 집에 갔다, 학원이다, 밖이다 등의 이유로 집에 들어가면 올리겠다고 말만 하고 과제는 감감무소식이었다. 그러다가 제출 하루 전에야 자료가 없어졌다고 연락이 와서 다시 숙제를 한다고 밤을 새우기도 여러 번이었다.

더 속상한 것은 과제가 한 사람에 의해 작성된 것 같다며 모든 책임을 조장에게 묻는 선생님의 태도였다. 함께 과제를 하자고 아무리 문자와 톡을 보내고 전화를 걸어도 소용이 없고, 정말 시간이 없다면 학교에서라도 얘기하자고 해도 반응이 없는 아이들을 보며 세 아이는 속이 상할 만큼 상했다. 그런데 조별 과제란 팀원 모두의 노력이 들어가야 한다며 그런 조율까지도 조장에게 책임이 있다고 과도한 멍에를 씌우는 선생님 때문에 아이는 또 한번 힘이 들곤 했다.

한 지인의 아이는 뛰어난 재능과 실력을 가지고 있었는데 늘 수상권에서 제외시키는 선생님 때문에 격렬한 사춘기를 보내기도 했다. 항의를 했더니 과제에서 요구하는 수준을 벗어났다는 이상한(?) 대답이 돌아왔다고 한다. 이런 일들이 일어날 때마다 새로운 시대를 살아갈 아이들의 교육을 학교에만 맡기는 것이 과연 옳은지 심각하게 고민하게 된다.

가장 속상했던 것은 이런 일들을 지속적으로 겪으면서 그렇게 빛나던 아이들이 점점 무기력해지고, 점차 창의적인 시도나 노력들을 멈춤으로써 능력이 퇴색해간다는 느낌이 들 때였다. 학교생활에 많은 감정을 소모하고 자신의 에너지를 빼앗기며, 결국은 새로운 시도 대신 선생님께서 알려주신 정답에 자신을 맞춰가는 모습을 목격할 때마다 참 속이 상했다. 삶에 대한 생동감과 열정이 조금씩 사라지는 아이들의 모습을 보는 일은 정말 답답하고 가슴 아팠다.

물론 대안학교나 홈스쿨링, 조기 유학이란 또 다른 방법도 있을 것이다. 하지만 아무리 생각해보아도 그걸 실천할 수 있는 형편이 되지 못했기에 매번 별 탈 없이 이러한 감정 소모들이 지나가기만을 기도할 뿐이었다.

그럼에도 불구하고 학교교육을 신뢰하라

학교교육의 문제가 1등부터 꼴찌까지 등수를 매겨야 하는 교육시스템과 그 시스템을 이끄는 선생님들의 자질에만 있다고 생각하지 않는다. 학교교육보다 학원교육을 더 중시하는 학부모들에게도 절반의 책임이 있다고 믿는다. 평소 조별 수업 등 학교교육을 우선시하는 학부모의 태도를 아이가 보았더라면 아이들 역시 학교교육에 대한 참여도가 높았을 것이기 때문이다.

다수의 부모들이 초중고 12년간 아이를 학교에 보낸다. 학교에 보내기로 결정했다면 학교교육에 우선순위를 두어야 한다. 공교육을 과감히 걷어차고 다른 대안을 모색할 것이 아니라면 학령기 아동교육의 중심은 학교에 있어야 한다. 공교육은 이 나라의 미래를 이끌고 갈 아이들을 잘 길러내기 위해 꽤 다양한 기회와 도전을 제공하고 있기 때문이다.

막내 아이가 5학년 때 학교 대표로 '학생 성장 포트폴리오 대회'에 나간 적이 있다. 자신의 꿈과 진로에 대한 로드맵을 그리고, 능동적으로 참여한 결과물을 한 권의 클리어파일에 담아서 제출하는 대회였다. 아이는 이 대회를 통해 막연했던 자신의 꿈과 자기 자신에 대해 고민하고, 그 꿈을 이루기 위해 무엇을 체험할 것이며 그 내용을 어떤 방식으로 녹여서 과제를 완성해나갈지 주도적으로 탐구해 보는 소중한 경험을 했다.

둘째 아이는 초등학교 5학년 때 교내에서 개최한 '수학 사고력 시험'을 친 적이 있다. 생전 공부를 안 하던 아이가 갑자기 수학 문제집을 풀며 밤 12시까지 3일이나 공부를 하기에 '쟤가 갑자기 왜 저러지?'라고 생각했다. 나중에 알고 보니 60점을 넘기지 못하는 아이들은 학교에 남아서 공부를 해야 한다는 선생님의 귀여운 협박(?)이 있었던 거다. 이 사실을 알고 한참 웃었던 기억이 나는데 자발적인 욕구에 의해 즐기면서 하는 공부가 최고겠지만 시간이 지나고 보니 선생님의 강요로 시작한 공부도 꽤 괜찮은 결과를 가져온다는 것을 알게 되었다. 사고력 시험에서 생각지 않게 괜찮은 성적을 받은 둘째 아이에게 친구들이 시험 기간마다 질문을 하게 되었고 앞서 이야기한 대로 그것이 아이가 공부에 관심을 갖게 된 계기로 작용했기 때문이다. 참 감사한 일이다.

첫째 아이 역시 초등학교 시절, 방과 후 컴퓨터 교실에서 파워포인트를 비롯한 다양한 컴퓨터 관련 자격증을 땄다. 그 실력이 중학교에 진학한 후 PPT로 과제물을 만들고 발표하는 수업에서 빛을 발했고 "이렇게 멋진 PPT는 처음 보았다"는 칭찬과 함께 선생님으로부터 확실한 눈도장을 찍게 되었다.

세 아이 모두 학교생활을 통해 일기 쓰기, 독서록 쓰기, 다양한 주제의 학교 과제물 제출하기, 전교 회장 또는 반장 선거 출마, 학교 방송반, 서예교실 등에 참여하며 다채로운 경험을 했다. 또한 정보올림피아드대회, 생물다양성 글짓기대회, 과학탐구 토론대회 등 학교 대표로 많은 대회에 참여하며 대회 준비부터 마무리까지 어디서도 쉽게 할 수 없는 경험을 했다. 뿐만 아니라 방과 후 피아노, 가야금 수업을 통해 악기를 배우고 대회에 출전하며 또 다른 체험을 할 수 있었다. 교육청에서 실시하는 영재교육원(영재원)에도 지원하면서 일찍 자기소개서를 써보고, 여러 단계를 거쳐 합격한 뒤에는 학교생활과 또 다른 배움의 기회도 얻게 되었다.

영재원 생활에 대해 아직도 내 기억 속에 남아 있는 막내 아이의 이야기가 하나 있다.

"엄마, 학교 수업과 영재원 수업의 가장 큰 차이점이 뭔지 알아?"

"글쎄, 잘 모르겠는데?"

"영재원에서는 끊임없이 이유를 물어. 이 실험의 결과가 왜 이렇게 나왔는지 묻고 물어서 원인과 과정을 아이들이 생각하게 해. 설혹 실험 결과가 잘못 나오더라도 잘못된 결론이 나온 이유까지도 스스로 생각하게 해. 그런데 학교 수업은 실험 결과가 이렇게 나온 이유를 물어보면 그냥 결과를 외우라고 해. 나중에 수업을 마치고 나면 학교 수업보다 영재원에서 배운 것이 훨씬 더 오래 기억에 남아."

하지만 아이들은 공교육이 아니었다면 하기 힘들었을 다양하고 멋진 경험 역시 많이 할 수 있었다. 학년이 올라갈수록 하루의 절반 이상을 보내는 학교생활에 충실하지 않고, 나머지 시간 동안 무언가를 배우고 소화한다는 것은 체력과 시간, 에너지와 효율의 낭비가 아닐 수 없다. 적어도 초등학교까지는 배움의 중심이 학교에 있어야 한다고 생각한다. 학교는 사랑하는 내 아이의 교육을 믿고 맡길 만한 훌륭한 교육기관이다.

다만 한 가지는 기억해야 한다. 학교가 채워주지 못하는 특히 4차 산업혁명의 시대에 가장 요구되는 덕목인 '창의력'은 부모가 신경 써야 한다는 사실을 말이다.

뜨거운 교육열의 빛과 그림자

아이의 성적과 공부는 중요하게 따지면서도 미래의 인재에게 가장 필요한 덕목이라는 '창의력'에 신경을 쓰는 부모는 많지 않다. 왜 그럴까? 우리 사회가 전반적으로 품고 있는 영광이자 상처가 하나 있다고 생각한다. 바로 학벌로 이어지는 뜨거운 교육열이다. 우리는 그 맹렬한 교육열로 인해 세계에서 유례를 찾아보기 힘든 '한강의 기적'을 이루었다. 하지만 찬란한 기적의 뒷면에는 어두운 상처가 함께 공존한다.

우리 부모들은 땅을 팔고, 소를 팔고, 집을 팔아가며 자식에게 공부를 시켰다. 내 자식 만큼은 험하고 고된 일을 하지 않고 편안하게 살기를 바라는 희망과 기대를 품고 희생했다. 하지만 자식의 입장은 어땠을까? 자신을 위해 집안의 재산이 사라져가는 것을 바라보는 자식은 어떤 생각과 감정을 품었을까? 집안을 일으켜야 한다는 어깨를 짓누르는 부담감과 책임감, 부모님의 희생에 대한 죄책감을 가지지는 않았을까? 다행히 열심히 공부하여 부모님의 바람만큼 좋은 성과를 낸다면 기쁜 일이지만 기대에 부응하지 못했을 땐 또 다른 죄책감과 박탈감, 무력감과 자기비하에 빠져서 무척 괴로웠을 것이다.

이 지점에서 학창 시절에 공부를 잘하여 많은 것을 누리며 살고 있는 사람은 소중한 내 자식도 나처럼 잘되기를 바라는 마음에서 공부를 강요하게 된다. 또한 공부를 못했던 사람은 지금 내가 이 정도밖에 못사는 이유는 학창 시절에 공부를 못했기 때문이므로 자식만큼은 공부를 잘해서 잘 살아야 한다며 또 공부를 강요한다.

즉 우리는 공부로 시작해서 공부로 끝을 맺는 대물림을 하고 있다. 그리하여 저명한 미래학자가 "한국의 학생들은 미래에 필요하지 않을 지식과 존재하지도 않을 직업을 위해 매일 15시간씩 학교와 학원에서 시간을 낭비하고 있다"고 이야기를 해도 그 조언을 한 귀로 듣고 한 귀로 흘릴 뿐이다.

4차 산업혁명 시대에는 인간이 인공지능의 지식과 겨뤄서 이길 수 없고 그런 때일수록 창의성과 공감능력, 놀이의 힘이 중요하다고 사방에서 이야기해도 부모의 선택은 결국 학원이고, 공부며, 학벌이다.

스탠퍼드대학교 폴 김Paul Kim 교수가 미래의 교육에 대해 이야기하며 유명세를 탄 적이 있다. 그의 말에 의하면 강연 내내 고개를 끄덕이며 집중하던 어머니들이 강연 뒤에 질문하는 것들이 결국은 "우리 아이를 스탠퍼드대학교에 보내려면 어떻게 해야 하나요?"였다며 탄식할 만큼.

이것이 우리의 현주소다.

불안은 불안을 '대물림' 한다

강연을 마치고 단상에서 내려오자 한 어머니가 다가와 질문했다. 아이가 학교 숙제를 잘 하지 않는 것이 속상하다며 어떻게 해야 할지 물어왔다. 이야기를 나눠보니 아이가 숙제를 안 하는 것은 아니었다. 다만 자기 직전에서야 숙제를 한다며 노트를 펼치거나 학교 가기도 바쁜 아침 시간에 숙제를 한다고 하거나 그나마도 시간이 여의치 않으면 학교에 가서 숙제를 한다고 걱정했다. 언제 하느냐의 아쉬움은 있지만 숙제를 안 하는 것이 아닌데 어머니의 걱정이 너무 깊어 보였다.

필시 숙제로 상징되는 엄마의 상처가 있음이 분명했다. 대화 끝에 어머니는 눈물을 흘리셨다. 학창 시절에 공부를 못한다는 이유로 부모님으로부터 심한 잔소리와 매질을 당했다며 한참 동안 울먹이며 말씀하셨다. 공부를 잘하는 형제자매와 비교를 당하며 차별받았던 슬픈 경험이 그때 울고 토했어야 하는 말들이 오랜 시간 동안 상처가 되어 자신과 아이를 괴롭히고 있었던 것이다.

우리 안에는 어린 시절에 받았던 상처를 그대로 간직하고 있는 '작은 아이'가 살고 있다. 상처받았던 그 시절, 치유되지 못하고 얼어버린 감정이 성인이 된 현재의 내 삶으로 순간순간 튀어나와 생채기를 만든다. 나를 분노하게 하고, 외롭고 슬프게 만들며, 무기력하고, 당황하며, 좌절하게 하는데 이것이 거의 무의식적으로 반복된다. 심리학에서는 이 아이를 상처받은 '내면 아이'라고 부른다.

안타깝게도 대부분의 상처받은 내면 아이는 '대물림'된다. 언젠가 만난 한 어머니는 아이들이 재채기를 하고 콧물만 흘려도 신경이 곤두선다고 했다. 유독 자신이 아이들의 건강과 관련하여 집착을 하는데 아이들도 그 사실을 잘 알아서 웬만큼 기침이 나오고 설사를 해도 아픈 것을 숨긴다고 했다. 엄마를 걱정시키는 것이 싫어서, 또 엄마의 격앙된 목소리와 표정을 피하고 싶어서 그런다는 것이다. 그러던 어느 날, 며칠 간 설사가 지속된 아이가 도저히 안 되겠는지 엄마에게 설사가 심하다는 사실을 말했다고 한다. 그런데 엄마는 그걸 왜 이제야 말하느냐고, 왜 이렇게 병을 키우는 거냐며 펄쩍펄쩍 뛰며 화를 냈고 아이는 엄마가 늘 이런 식이니까 말을 못했다고 응수했단다.

이분과 대화를 나눠보니 그 이유가 짐작되었다. 건강이 좋지 않았던 엄마로 인해 늘 건강해야 한다는 사실을 지나치게 규제받으며 자랐고 그러다 보니 자신도 건강염려증을 가진 채 성장하게 되었다고 한다. 게다가 첫 아이가 유산되는 바람에 그 염려증은 더욱 커졌는데 그때의 충격, 슬픔과 상실을 제대로 처리하지 못하고 다음에 태어난 아이들의 건강에 유독 집착을 하면서 아이들에게 건강에 대한 두려움을 대물림한 것이다.

내 경험에 의하면 우리의 상처는 어린 시절이 전부는 아니다. 어느 정도 나이를 먹은 뒤에도 상처받았던 마음을 제대로 애도하지 않으면 그 상흔이 가슴 깊숙이 파고들어 문제를 일으킨다.

내 아이의 가까운 미래와 부모의 불안

바둑기사 이세돌 9단과 알파고의 대결로 매스컴이 떠들썩한 적이 있다. 인공지능이 인간의 일자리를 대체할 미래가 생각보다 빨리 오고 있다며 몇 년 안에 사라질 직업과 새로 생겨날 직업들이 큰 이슈였다. 이에 발맞춰 많은 전문가들이 우리의 교육 현실을 비판했다. 선행이란 이름으로 교과서 내용을 잘 이해하고 암기한 지금까지의 방식으로는 인공지능 세상에서 힘을 발휘하기가 어렵다고 말이다.

'앞으로는 지식을 자기만의 방식으로 받아들이고 해석하여 문제를 해결할 수 있는 창의력이 중요하다. 기계와 인간의 경쟁구도보다는 인간이기에 가지고 있는 사회적인 특성 즉, 공감능력을 키우는 것이 중요하다. 아울러 그 모든 것을 자연스럽게 이끌어내는 놀이가 중요하다. 새로운 일자리를 찾기 위해서는 다양한 아이디어로 문제를 해결할 수 있는 창의력이 필요하고, 분업보다 협업이 중요한 시대에서 타인을 설득하고 협상하며 갈등을 해결하는 데 바탕이 되는 공감능력이 경쟁력이 된다. 또한 놀면서 자연스럽게 파생되는 상상력, 창의력, 사고력, 협동, 즐거움이 미래에 필요한 역량이 된다'고 말이다.

하지만 학습에 대한 결핍과 상처를 대물림하고 있는 한 세상이 아무리 변한다 해도 이 새로운 시대를 받아들일 수 없다. 프로이트Freud의 말대로 '인간의 행동을 지배하는 것은 무의식'이기 때문이다. 공부로 인해 상처받은 부모의 내면 아이는 만분의 일초로 무의식적으로 튀어나와 공부가 가장 중요하다고 아이를 몰아붙인다. "내가 너보다 더 많이 살았으니 인생에 대해 더 잘 안다" "내가 안내하는 대로 가자"며 지나친 선행과 경쟁 속으로 아이를 내몬다.

그렇게 내몰린 우리 아이들은 세계적인 역사학자 유발 하라리Yuval Harari가 4차 산업혁명 시대에서 가장 큰 문제는 '인간 자신이 무엇을 진정으로 원하는지 모르고 있는 것'이라며 이야기를 해도 자기 자신을 들여다볼 시간이 없다.

우리는 자신의 결핍과 좁은 편견에서 비롯된 잘못된 판단들을 아주 많이 하면서 살아가고 있다.

"공부를 잘해야 좋은 대학에 가고 멋진 직장을 구할 수 있어."

과연 그럴까?

"키가 크려면 일찍 자고 일찍 일어나야 해."

진짜 그렇게 믿고 있는가?

"열심히 한 만큼 보상이 주어진다."

정말 그렇게 생각하는가?

"참으면 복이 와요."

진실로 그렇게 믿는가?

일반적인 경우 공부를 잘해야 좋은 대학과 멋진 직장에 들어갈 기회가 생기고, 일찍 자면 호르몬의 작동 원리에 의해 키가 자라며 열심히 일한 만큼 결과가 따르고, 참는 만큼 복이 오는 것이 사실이다. 하지만 삶에는 숱한 예외와 변수들이 존재한다. 그러므로 내가 믿고 있는 신념만을 진실이라고 믿으며 그 신념을 꽉 움켜쥔 채 살아가면 삶이 버겁고 힘들어질 가능성이 매우 높다.

뿐만 아니라 살면서 내가 믿어온 진실(?)에서 벗어난 누군가를 만나게 되면 내 삶에 대한 회의와 허망함에 사로잡혀 방황하게 되거나 내가 얻지 못한 것을 쉽게 갖고 있는 상대에게 비난과 질투, 시기의 감정에 휩싸여 정상적인 판단을 하지 못하게 될 가능성이 아주 높다. 내가 믿고 있는 신념, 어찌 보면 그것은 나의 결핍이고 상처다.

아이가 유치원 생활을 시작하고부터 사춘기의 나이를 거치는 동안 엄마는 자신의 내면 아이를 만나 그 상처를 들여다보고 애도해야 한다. 부모의 불안은 아이에게 그대로 대물림되기 때문이다. 또한 상처받은 내면 아이의 존재를 모르면 모든 책임을 아이에게 짊어지우기 때문이다. 네가 잘못했기 때문이라고, 네가 바르게 행동하지 않아서 내가 이렇게 화를 내고 야단을 치는 거라고, 내가 너를 아끼고 사랑하니까 이런 듣기 싫은 소리도 하는 거라며 아이를 비난하고 몰아세우게 된다. 하지만 그것은 진실이 아니다.

아이 한 명을 키우는 데는 온 마을이 필요하다고 했다. 해마다 출산율이 줄어들고 자원이 없는 우리나라에서는 아이들이 곧 미래다. 아이를 잘 키우는 일에 온 국민이 마음을 모아야 하고, 사회적인 시스템이 갖추어져야 하며, 무엇보다 부모는 자신의 내면을 자주 들여다봐야 한다. 그것이 미래다.

엄마 공부 9

내 몸에 말을 걸고 고맙다고 인사해보세요

"당신은 자신을 얼마나 사랑하고 있나요? 당신의 몸을 얼마나 소중히 대하고 있나요? 지금까지 살아온 내 몸에 감사한 마음을 느껴본 적이 있나요? 오늘은 내 몸에 말을 걸어주고, 고맙다고 인사해보세요. 다리를 쓰다듬으며 '지금까지 내가 가고 싶은 곳 어디라도 나를 데리고 가줘서 고마워' 라고 마음을 전해보세요. 나의 배를 만져주며 너로 인해 소중한 내 아이를 열 달간 품었노라고 표현해보세요. 나의 목을 감싸쥐며 네 덕분에 내가 하고 싶은 이야기를 할 수 있고, 노래를 부를 수 있고, 음식을 먹을 수 있고, 누군가를 위로할 수도 있다고 말해보세요. 그렇게 당신의 모든 신체에 손을 올리고 어루만지며 지금까지 너로 인해 감사했다고 얘기해보세요. 아마 눈물이 날지도 몰라요. 그럼 울어도 돼요. 운다는 건 영혼이 맞닿았다는 뜻이니까요."

아이를 혼자 두고 벌주는 대신
우리 자신의 욕구, 진짜 자기 모습을 발견하기 위해
잠깐 휴식을 취하라.
자기에게 줄 수 있어야 자녀에게도 줄 수 있다.

체리 후버

10

거울 속 진짜 나와 만나는 대면

피하지 말고 상처와 만나라

부모가 아이를 키우는 것인 줄 알았다.
하지만 아이를 키운 세월만큼 자라난 아이들이 나를 키우고,
그렇게 자라난 내가 다시 또 아이를 키우면서
서로 함께 성장하는 것임을 알게 되었다.

엄마의 마음을 들여다봐야 할 때

세 아이를 키우면서 내 마음에 멘토로 여기는 분이 있다. 바로 육아 교육 사이트 '푸름이닷컴'을 만들고 육아에 관한 많은 베스트셀러 책을 쓴 푸름이 아빠, 최희수 선생님이다. 이분을 알아온 지도 벌써 17년이란 세월이 흘렀다. 그 세월 동안 육아에 관한 고민뿐 아니라 사는 게 참 힘들고 버겁다는 생각이 들 때마다 언제나 이분의 강연장으로 찾아가 삶의 지혜와 위로, 격려를 듣곤 했다.

그날도 그랬다. 경제적인 이유로 이사를 한 후 오랜만에 이분의 강연장을 찾았다. 그런데 강연 후 "잘 지냈어?"라는 한마디에 참아왔던 눈물이 주르륵 쏟아지고 말았다. 그날 선생님은 헤어지면서 한마디하셨다.

"더 이상 갈 곳이 없어. 이제 네 내면을 들여다봐야 해."

20년간 대한민국에서 아이를 키우는 일에 관한 책을 쓰고 강연을 다니며 수많은 어머니들을 만나온 선생님은 어느 날 그런 생각이 들었다고 한다. '왜 어떤 엄마들은 아이를 잘 키우는데, 어떤 엄마들은 아이 키우는 일을 힘들어할까?' 그 궁금증으로 인해 다수의 심리서를 읽고 강연 현장에서 만난 어머니들과 대화를 나누면서 인간의 내면세계에 대한 깊은 깨달음을 얻게 되었다. 그 영향으로 '푸름이닷

컴'은 아이들의 육아법에 관한 이야기뿐 아니라 엄마들의 내면에 있는 상처를 치유하는 방법까지 공유하는 사이트가 되었다.

하지만 당시 나는 아이를 잘 키우는 것만 해도 버거운데 엄마의 내면 성장까지 해야 하나 싶은 부담감이 있었다. 남편의 거듭되는 사업 실패와 반복적으로 아픈 내 몸을 챙기는 일만 해도 벅찬 나에게 내면까지 들여다보는 일은 사치라고 생각했다. 그런데 그날 선생님은 거듭 나에게 내면을 들여다봐야 한다고 말씀해주셨다. 그날은 그 말이 가슴으로 들어왔다.

결혼을 하고 세 아이를 낳고 기르면서 참 열심히 살았다. 소중한 아이가 나보다는 더 좋은 삶을 살길 바라는 마음으로 내가 할 수 있는 최선의 노력을 다해 아이들을 키웠다. 많은 시행착오와 우여곡절들이 있었지만 감사하게도 아이들은 많은 분들이 어떻게 키웠는지 궁금해하고 관심을 가져주실 만큼 잘 자라주었다.

하지만 아이들이 잘 자라는 만큼 내 삶은 힘들어졌다. 조금만, 조금만 더 버티면 될 거라고 생각했는데 그런 날은 오지 않았다. 오래전부터 선생님은 외부에서 원인을 찾지 말고 네 마음속에서 답을 찾으라고 조언해주셨지만 그 말이 와닿지 않았다. 그런데 그날은 그런 생각이 들었다. '지금까지 살아온 내 방법에 한계가 있는 거라면 이제는 다른 방법을 모색해봐야 하지 않을까?'

그렇게 내 마음을 들여다보는 내면 여행이 시작되었다. 거칠고, 아프고, 막막하고, 서러웠지만 거기서 새로운 세상이 열렸다. 내가 이렇게 힘들어하는 이유, 괴로웠던 이유, 고통스러웠던 이유들을 만나고 나니 나를 알게 된 시간만큼 타인들이 보이기 시작했다. 가장 가까운 타인은 바로 나의 아이들이었다.

세계보건기구WHO는 2020년경 '빈 둥지 증후군'으로 인한 우울증이 인류를 괴롭히는 세계 2위의 질병이 될 것이라고 예측한 바 있다. 빈 둥지 증후군이란 자녀가 독립한 후 경험하는 부모의 우울증으로, 주로 자녀가 대학에 진학한 뒤 느끼는 허탈, 무기력, 상실감 등을 일컫는 말이다. 우리 사회에서는 육아에 전념하는 시간이 긴 엄마들에게서 이 증상이 주로 나타나고, 특히 자녀교육에 '올인'하는 엄마들에게 자주 발생한다고 한다.

서울대학교 정신건강의학과 윤대현 교수는 빈 둥지 증후군을 잘 극복하기 위해서 자신에게 50퍼센트, 자녀에게 30퍼센트, 남편에게 20퍼센트를 투자하는 5:3:2의 법칙을 제시하며, 미리 자녀와 심리적인 거리를 두는 연습을 해보라고 권유한다.

나와 주변 사람들을 얼마만큼의 비율로 신경 쓰고 돌보는가 하는 것은 개인의 생각과 결정에 따라 달라질 수 있을 것이다. 다만 '엄마'에게 '자신'이 없는 삶은 엄마와 아이, 가족 구성원 모두에게 위험할 수 있다는 것을 미리 알고 있어야 한다. '나'라는 존재가 없는 희생의 삶은 반드시 그 대가로 '보상'을 기대 또는 요구하게 되어 있기 때문이다. 그리하여 그 기대가 충족되지 않으면 기대한 만큼의 크기로 상대를 향해 상처를 준다. 게다가 '자신'이 없는 삶을 사는 부모들은 은연중에 아이에게 영향을 미쳐 결국 소중한 아이 역시 자라서 자신과 같이 '자신'이 없는 삶을 살게 될 가능성이 크다. 아이가 사춘기를 시작할 즈음이 되면 부모는 자신의 마음을 들여다보아야 한다. 그 시간을 통해 나의 틀을 넓혀야만 그렇게 넓어진 틀로 나와 내 아이를 성장시킬 수 있기 때문이다.

아이가 슬플 때만 반응하는 엄마

세 아이의 개학 날 아침이었다. 방학 내내 가방 속에 묵혀둔 상장들을 바닥에 쏟아놓고 학교로 간 아이들! 나뒹구는 상장을 보면서 살짝 어이가 없었지만 지금껏 나도 아이들도 상장에 큰 의미를 부여하지 않았기에 별 생각 없이 지나쳤다가 (그렇게 상장들은 며칠째 방바닥에 놓여 있었다) 며칠 뒤 펑펑 운 일이 있었다.

그즈음 나는 엄마에 대한 상처를 대면하고 있었다. 부모님에 대한 죄책감에서 벗어나 진심으로 부모님을 사랑하고, 나 역시 사랑하기 위해서 나름의 노력을 기울였다. 엄마에게 받은 상처를 그냥 덮어두고 괴로워하기보다는 전화를 걸어 왜 그렇게 날 때렸느냐고, 담담한 목소리로 응어리진 마음을 표현하는 일을 시작했다. 그동안 내 생각과 감정, 힘듦과 어려움보다 '부모님이 좋아하시는 일이니 당연히 해야지'라고 생각했던 말과 행동들도 하지 않기로 마음먹었다. 그러면서 계속 올라오는 죄책감들을 흘려보내는 작업을 했다.

그러다가 오랜만에 전화를 걸어 엄마의 목소리를 들었다. 편안하게 말을 할 생각이었는데 갑자기 내 감정이 이성을 이기지 못하고 '엉엉' 울고 말았다. 아무리 울지 않으려고 해도 소용이 없었다. 오랜만에 전화한 딸이 이야기는 하지 않고 울고만 있으니 엄마는 걱정이 되었나 보다. 왜 그러느냐고 걱정스런 목소리로 나의 안부를 물어보시는데 이상하게도 나는 계속 눈물만 났다. 그렇게 수화기를 들고 울고만 있으니 결국 엄마는 화를 내시기 시작했다. 당신이 나를 키운다고 얼마나 고생을 했는지, 자신은 잘못한 게 없다며 격앙된 목소리로 자기 입장에 대한 이야기만 한참 쏟아내셨다.

엄마는 동네에서 법 없이도 살 사람이라고 소문난 좋은 며느리이자 아내였다. 늘 동네 어른들을 만나면 하루에 몇 번씩이라도 고개를 숙여 인사하고, 동네에 체하신 분들은 밤이고 낮이고 엄마를 찾아와 손가락을 따며 체증을 내리고 가셨다. 나와 마주치는 동네 할머니마다 "너희 엄마는 참 좋은 사람이야"라고 칭찬하셨다.

하지만 엄마는 그렇게 착하고 좋은 사람으로 사는 것이 가끔은 힘들었나 보다. 이런 저런 이유로 스트레스를 많이 받은 날이면 아무도 없을 때 대문을 걸어 잠그고, 작은 방에 나를 가둔 채 때리셨다. 회초리로 때리다가 회초리가 부러지거나 날아가면 자신의 손과 발로 나를 밟고 때리고, 머리카락을 쥐고 벽에 머리를 박으며 한이 맺힌 목소리로 절규하셨다. 너도 죽고, 나도 그냥 죽자고…. 엄마는 자신의 답답한 심정을 나를 때리면서 전달했는지 몰라도 어린 나는 크게 상처를 받았다. 엄마에게 맞을 때마다 얼마나 무섭고 두려웠는지 또 아프고 외로웠는지 모른다.

그랬는데, 그렇게 나를 아프게 했던 엄마였는데 펑펑 운 그 전화통화를 하면서 나는 엄마를 이해하게 되었다. 아이러니하게도 잘못한 거 하나도 없다고 악을 쓰는 엄마의 목소리를 들으면서 그것이 엄마의 최선임을 깨달아버렸다. 엄마는 최선을 다해 나를 사랑하셨다. 설혹 그 방법이 상처를 주는 방법이었고, 부족하기 그지없는 방법이었다 하더라도 그것이 엄마의 최선이었음을 알게 되었다. 그렇게 나는 마음속에서 엄마에 대한 상처와 의존을 떠나보낼 수 있었다.

엄마에 대한 감정 정리가 끝났다고 여긴 며칠 뒤였다. 가만히 앉아서 엄마와 나 사이에 내가 행복을 느꼈던 경험을 떠올려보았다. 나는 언제 엄마와 함께 있으면서 따뜻한 사랑과 행복을 느꼈을까? 그걸 떠올리며 하나하나 손가락으로 꼽아가다가 내 시선은 방바닥에 내버려진 아이들의 상장에 머물렀다. 그리고 소리가 되어 나오지 않는 울음을 꺼이꺼이 울었다.

내가 엄마에게서 사랑을 느낀 순간들은, 엄마와 함께 있을 때 내가 행복하다고 느낀 순간들은 놀랍게도 모두 내가 슬플 때였다. 초등학교 저학년 때 결핵으로 병원에 입원해 있을 때 엄마는 나를 향해 방긋 웃어주었고, 내 부탁은 다 들어주셨다. 지금도 엄마와 함께 걸었던 그 비탈 위의 병원이 생각난다. 또 초등학생에서 중학생으로 넘어가면서 반배치 고사를 하루 앞두고 있던 날 새로운 세계에 대한 불안과 걱정, 시험 결과에 대한 두려움 때문에 펑펑 울던 때도 나를 때리기만 하던 엄마가 천사 같은 얼굴로 위로해주었다. 다 괜찮다고, 꼴찌를 하고 돌아와도 괜찮다고 나를 달래주었다.

그렇게 옛 기억을 끄집어내다 보니 엄마는 내가 기뻐할 때는 반응을 보이지 않았음을 알게 되었다. 엄마는 내가 슬프고 눈물을 흘려야 걱정 가득한 목소리로 나를 바라보며 사랑을 주셨다. 그걸 깨닫고 충격을 받았을 때 거실에 나뒹구는 아이들의 상장이 보였다.

'아, 나도 우리 엄마처럼 아이들이 기쁜 순간에는 별다른 반응을 보이지 않았구나. 그러다가 아이들이 힘들다고, 아프다고, 더 이상 어떻게 해야 좋을지 모르겠다고 슬픔의 감정을 내비칠 때서야 곁으로 달려가 한없이 착하고 고운 눈길로 아이들 곁에 있었구나! 우리 집에서 상장은 기쁨과 축하의 대상이 아니라 그냥 한낱 종이에 지나지 않았었구나!'

그걸 깨닫는 순간 가슴이 너무 아파서 숨을 쉴 수가 없었다. 그렇게 한참 동안 가슴을 부여잡고 있다가 다짐을 했다. 지금부터라도 아이들이 기뻐하면 온 마음을 다해 함께 기뻐하겠노라고. 그것이 아무리 작은 기쁨과 성취일지라도 온 힘을 다해 축하하고 박수 쳐주어야겠다고 말이다.

아이는 부모가 믿는 만큼 자란다

첫째 아이가 내 눈을 바라보면서 이번에도 전교 1등을 했다고 말했다. 그리고 놀랍게도 나는 그 사실을 어떻게 받아들여야 할지 몰라 한참 동안 빈 눈으로 아이를 바라보았다.

중학교 2학년 2학기 때 모든 것을 내려놓고 싶다며 울던 아이를 보면서 생각했다. '내 곁에 있을 때 이런 성장통을 겪어주어 진심으로 고마워, 언제나 너를 응원할게.' 하지만 그런 나의 다짐은 머리로는 수용이 되었지만 가슴으로 내려오지 않아 때때로 힘든 시간을 보냈다. 특히 중간고사 기간에는 시험공부도 내려놓겠다며 매일 웹툰을 보고, 소설을 쓰고, 영화를 보며 뒹굴뒹굴하는 아이를 보며 혼자서 가슴을 쓸어내리곤 했다. 언니의 노는 모습이 얼마나 심했던지 지켜보던 둘째 아이가 나에게 다가와서 이렇게 말할 정도였다.

"엄마, 언니에게 공부 좀 하라고 말해야 하지 않을까?"

그런데 그 시험에서 전 과목 가운데 한 문제를 감점받아 또 전교 1등을 한 것이다. 내 머리로는 이걸 어떻게 해석해야 할지 도저히 알 수 없었다. 내 눈을 바라보며 시험 결과를 말해주던 날, 첫째 아이가 내게 했던 말이 기억난다.

"나는 나를 믿었는데 엄마는 나를 못 믿었구나. 나를 믿지 못하는 엄마의 눈빛을 보니까 나 또 불안해지기 시작했어."

많이 당황했다. 공부도 하지 않고 얻은 결과가 참 대단하다고 인정해줄 수도 있었는데 나는 정말 기쁘지 않았다.

'이게 뭐지? 이래도 되나? 그러면 2~3주씩이나 열심히 공부한 아이들은 어떻게 하라고? 세상은 정의로워야 하는 거 아니야? 노력한 만큼의 대가가 있어야 하는 거 아니야? 그 아이들이 이 소식을 들

으면 정말 억울하겠다!'

순간 나는 그렇게 예쁘고 귀하고 소중한 내 자식보다 쉽게 성취하는 이들에 대한 표현할 수 없는 감정을 먼저 느꼈다. 또한 '정말 이래도 되는 걸까? 공부를 하지 않아도 좋은 결과를 얻으면 앞으로도 계속 공부를 안 하는 거 아니야? 한 번 정도는 운이 좋아서 이럴 수도 있지만 이게 습관으로 자리 잡으면 나중에는 실력도 떨어지게 될 텐데. 아, 적당히 시험을 망쳤어야 했는데 이걸 어쩌지?'

그런 여러 가지 생각으로 아이의 1등 소식을 들으며 기뻐해야 할지 슬퍼해야 할지, 잔소리를 해야 할지, 경고를 해야 할지 도무지 알 수가 없었다. 그 복잡한 감정으로 아이를 바라보고 있자니 나와 아이의 소통은 끊어지고 아이는 내 표정을 금세 읽어버렸다.

"나를 믿지 못하는 엄마의 눈빛을 보니까 나 또 불안해지기 시작했어"라니, 자신의 기쁜 소식을 전혀 기뻐해주지 않는 엄마에게 아이 역시 복잡한 감정이 들었을 것이다. 그것은 나의 불안이자 나의 억울함이었다. 모든 일에 있어서 긍정보다 부정을 먼저 찾았던, 걱정이 많으셨던 내 부모님을 어느새 나도 닮아버린 것이다.

엄마의 눈빛을 온몸으로 읽어버리는 아이들, 그런 이유로 아이들은 부모가 믿는 만큼 자란다는 걸 새삼 깨닫게 되었다. 부모 자신이 스스로를 믿고 사랑해야 그 감정과 힘이 찰나에도 아이에게 전달됨을 또 알게 되었다. 내가 첫째 아이를 보면서 불안했던 것은 결국 내 안에 있는 불안이 해결되지 못했기 때문임을, 내 안의 억울함이 해소되지 못했기 때문임을 그렇게 나는 가슴 아프게 하나하나 알게 되었다.

나를 사랑하고 아이를 사랑하는 방법

남편이 운전하는 차를 타고 고속도로를 달린 적이 있었다. 그런데 갑자기 폭우가 쏟아졌다. 조수석에 앉아 있는데 순식간에 차 앞유리를 가득 채우는 빗줄기를 보면서 무서움에 바들바들 떨었다. 와이퍼로 빗물을 닦아내기도 전에 더 많은 빗줄기가 차 앞유리를 때려 정말이지 순식간에 눈앞의 세상이 사라졌다. 앞이 전혀 보이지 않는 차를 타고 달리는 경험은 정말 죽을 것처럼 공포스러웠다. 갑자기 차를 세워달라고 할 수도 없는 상황이라서 앞만 보고 한참을 달리는데 문득 그런 생각이 들었다. '세상을 바라보는 내 시선에 어두운 막이 끼게 되면 삶이 참 불편하고 불안하고 그래서 죽을 것처럼 힘이 들겠구나!'

지나가는 사람들이 나를 흘끗 쳐다보는데 '왜 나를 쳐다보지? 내 얼굴에 뭐가 묻었나? 내 옷이 이상한가? 내가 뭘 잘못한 게 있나?'

하면서 온갖 불안과 불편과 부정적인 생각을 하면 그 걱정과 불안이 폭우처럼 나를 덮쳐 이 세상과 사람들이 두려울 것이다. 그런 삶은 얼마나 힘들고 어렵고 쉽게 지칠까.

부모는 아이의 거울이라고 했다. 부모가 세상에 대한 기준과 틀을 한없이 넓히고 따뜻하게 바라볼 수 있다면 아이들은 부모가 넓혀 놓은 틀 안에서 무한한 가능성과 축복, 감사를 느끼며 행복한 순간들을 누리게 될 것이다. 부모가 깨고 나온 틀만큼 더 자유롭고 활기 차며 삶이 축제처럼 즐거울 것이다.

아이의 학교생활이 시작되면, 특히 아이가 사춘기에 접어들면 부모는 자신을 들여다보아야 한다. 그것이 나를 사랑하고 아이를 사랑하는 방법이다. 진정한 사랑은 아는 것에서 출발한다. 그러니 나 자신이 언제, 어떤 감정을 느끼고, 왜 그렇게 생각하고, 어떤 반응을 보이는지, 무엇을 좋아하고 즐거워하는지 하나씩 알아가야 한다. 아이들은 자라면서 자꾸만 부모를 키운다. 여기서 멈추지 말라고, 엄마 아빠 자신을 더 사랑하라고.

우리는 자신과 상관없는 사람들로부터는 상처를 받지 않는다. 살면서 가장 가슴 아픈 상처는 대부분 우리가 믿고, 의지했고, 마음을 주었던 사람들로부터 받는 것이다. 그러다 보니 안타깝게도 우리는 우리를 가장 사랑하는 부모님으로부터 사랑과 함께 털어내기 힘든 상처를 받기도 하고 가장 사랑하는 아이들에게 그 상처를 대물림하기도 한다.

사람의 마음은 수학적인 계산법과 달라서 사랑을 받은 플러스와 상처를 받은 마이너스의 양이 같다고 해서 또 준 것도 없고 받은 것도 없다고 하여 깔끔하게 정리될 수 있는 것이 아니다. 경험한 사랑 하나하나가 나의 의식과 무의식 아래에 추억과 감사, 감동과 행복으로 깃들고, 받았던 상처 하나하나가 불신과 아픔, 외로움과 미움, 원망으로 존재한다. 그러기에 우리는 사랑의 경험, 기쁨의 경험, 행복의 경험을 많이 해야 한다.

특히 생후 36개월까지 아이의 양육이 중요한 이유는 아이가 이때 경험한 모든 것은 오직 '쾌와 불쾌'의 감정으로 기억되기 때문이다. '쾌'의 경험을 많이 한 아이들은 자라면서 계속 쾌의 감정을 추구하고, '불쾌'의 경험을 많이 한 아이는 마치 불나방처럼 살아가면서 불행 속으로 자신의 발걸음을 맞추게 된다. 하지만 36개월까지의 경험이 삶의 방향성 전부를 결정짓는 것은 아니다. 많은 연구들이 이후의 긍정적인 경험들에 의해 충분히 바뀌어질 수 있다고 이야기하니 너무 걱정하지는 말기 바란다.

다만 어린 시절 경험한 상처의 힘은 너무 크기 때문에 몸의 기억으로 우리에게 남아 있다. 아주 깊숙이 단단하게, 때론 소리도 없이 우리의 잠재의식 속에 숨어 있다가 성인이 된 이후의 삶에 '불시에' 등장하기 때문에 생애 한 번쯤은 나를 들여다보아야 한다.

공부를 못해서 비교당한 내면 아이를 가지고 있다면 사랑하는 내 아이를 공부로 몰아붙이게 된다. 돈이 없어서 힘들었던 내면 아이를 가지고 있는 부모라면 오직 돈 버는 일에만 관심을 기울이면서 정작 아이가 부모를 필요로 하는 순간에는 함께 있어주지 못한다. 그리하여 다시 공부에 한이 맺히는 아이를 만들고 돈에 대한 부정과 분노를 가슴에 채운, 나와 다르지만 같은 상처를 받은 아이로 키우게 된다. 그러므로 우리는 내면의 상처를 애도하고 치유해야 한다.

나를 받아들이기 위한 내면 여행

심리학에서는 애도의 5단계로 '부정-분노-타협-우울-수용'의 과정을 설명한다. 주로 사랑하는 사람이 죽었거나 삶에서 경험하는 다양한 이별을 겪을 때 이 경로를 거치게 된다고 한다. 나는 상처받은 내면 아이와의 이별 역시 이와 같다고 생각한다.

'사랑하는 내 부모님이 나를 힘들게 했을 리 없어. 부모님은 나를 사랑하셨어. 나를 위해 힘든 일도 마다하지 않았어. 난 정말 많은 사랑을 받고 자랐어'라며 내 상처에 대한 부정의 시기를 먼저 경험한다. 그리고 '어떻게 그렇게 짐승처럼 나를 때리고 욕하실 수 있지? 그게 사랑이라고? 나를 사랑해서 때렸다고? 말이 돼? 사랑하니까 때린다는 게 말이 되냐고? 왜 그랬어? 나에게 왜 그랬어?'라는 분노의 시기를 만난다. 그런 다음 '그래, 그게 부모님이 나를 사랑하는 방식이었어. 그게 부모님이 할 수 있는 최선이었어. 그 시절에는 모두 그렇게 키웠어. 그게 잘못인 줄도 모르고… 몰라서 그랬던 거야'라는 타협을 거쳐, 우울과 슬픔 속에서 상처받은 나를 위해 하염없이 눈물 흘리는 시기로 건너가게 된다. 그러면 드디어 그 시절의 아팠던 나와 사랑과 상처를 함께 준 부모님을 수용하게 된다. 그때가 되면 과도한 죄책감으로부터 벗어나 지금 있는 그대로의 나와 부모님을 온전하게 받아들일 수 있다.

나의 상처받은 내면 아이는 나도 모르는 사이에 아이의 성장에 영향을 미친다. 그러므로 아이를 위해서, 아니 나 자신을 위해서도 우리는 자신의 내면을 들여다보아야 한다. 나를 아는 것은 곧 타인을 아는 것이며 그렇게 세상을 아는 것이기 때문이다. 우리가 감추고 싶었던 지난날의 나를 들여다보고, 부모에 대한 우상화를 깨고, 상처받은 내면 아이가 억눌러 둔 감정을 표현하고 나면 우리는 새롭게 태어날 수 있다.

강연을 다니며 만나는 많은 사람들에게 이와 같은 이야기를 하면 "내 마음을 나도 잘 모르겠다"고 얘기하시는 분들이 많다. 자신의 욕구를 누르고 살아온 사람들의 대표적인 특성이다. 왠지 기분이 우울하고, 불편하고, 힘이 드는데 그것이 정확히 어떤 감정이고 상태인지 자신도 애매모호한 것, 그만큼 자신의 감정과 욕구를 무시하며 살아왔다는 의미이기도 하다.

하지만 연습을 하면 알 수 있다. 소크라테스의 문답법처럼 나 자신에게 끝없이 질문해보면 알게 된다. 어렵게 느껴진다면 처음엔 글로 쓰면서 질문해보는 것도 좋다. 익숙해지면 마음속으로 생각해도 금방 나의 감정을 찾을 수 있다.

나의 경우를 예로 들어보면 다음과 같다.

- 상황: 막내 아이와 싸웠다. "내가 지금 이러는 건 다 엄마 때문이야!"라는 말에 너무너무 화가 난다.
- 나에게 건네는 질문: 그래? 그 말이 왜 그렇게 화가 나지?
- 내 안의 답변: 억울해! 억울해! 너무 억울하단 말이야.
- 나에게 건네는 질문: 왜, 왜 그렇게 억울해?
- 내 안의 답변: 몰라, 몰라, 몰라. 그냥 막 억울해! 억울해서 미치겠어!

- 나에게 건네는 질문: 자, 조금만 진정하고 생각해보자. 왜 억울하지? 억울한 이유를 다 말해봐.
- 내 안의 답변: 막내 아이가 속상할 거라는 거 나도 알고 있었어. 하지만 알아도 어쩔 수 없었어. 남편이 세 번이나 사업을 실패했잖아. 난 돈이 없었어. 아이가 해달라는 대로 해줄 수가 없었단 말이야. 안 해주고 싶어서 그런 게 아니었다고!
- 나에게 건네는 질문: 그랬구나, 억울할 만하네. 진짜 억울하겠다. 또? 왜 또 억울했어?
- 내 안의 답변: 난 최선을 다했어! 잘못은 남편이 했는데 왜 내가 책임을 져야 해? 그게 왜 내 책임이냐고?(그 대답을 하는 순간, 눈물이 왈칵 터졌다)
- 내 안의 답변: 엄마는 왜 나 때문에 못 살겠다고 그랬어? 왜 다 나 때문이라고 했어? 난 아무 것도 잘못한 게 없는데 갑자기 소리를 지르며 왜 다 나 때문이라고 화를 내? 왜 나만 죽으면 된다고 그랬어? 내가 뭘 그렇게 잘못했기에 죽으라고 해? 억울해! 억울하단 말이야! 난 그렇게까지 잘못한 게 없어! 잘못하지 않았다고!

그렇게 질문과 답변을 스스로에게 하다 보면 처음에는 의식적으로 하던 대답이 어느 순간 자신의 내면 아이와 만나 몸이 반응하게 되는 지점이 있다. 눈가에 눈물이 맺히거나 자신도 모르게 호흡 조절이 살짝 힘들거나 가슴에 통증이 생기기도 한다. 과거의 내가 억누른 채 발산하지 못하여 내 몸이 기억하는 감정이다. 이 감정을 온전히 체험하면, 그대로 느끼고 통과하면 드디어 상처들이 해소되기 시작한다. 가벼운 상처는 한 번의 대면이나 자각으로도 충분하지만 깊은 상처는 여러 번의 애도를 통해 치유가 일어난다. 그러면 그만큼 삶이 가벼워진다.

나를 알아가는 두 가지 길

나를 들여다보는 데는 두 가지 길이 있다. 하나는 나의 상처를 통해서 접근하는 방법이고 다른 하나는 나를 사랑해주는 방식으로 다가가는 것이다. 나의 아픔, 화, 슬픔 등의 부정적인 감정과 경험을 끄집어내어 그때의 감정을 다시 만나고 떠나보내는 방법이 그 하나요, 나의 기쁨과 즐거움, 하고 싶은 일 등 긍정적인 감정과 경험으로 접근하는 것이 그 두 번째다.

슬픔을 굳이 찾아 나설 필요는 없다. 아이들과 매일 함께하는 일상에서 나도 모르게 마음이 격해지고 감정 조절이 어려워지는 경우가 바로 그것이기 때문이다. 그 지점에 나의 상처가 있다. 그래서 아이와 함께하는 동안 내 감정이 격해지는 때를 메모해두면 나의 상처 지점을 쉽게 찾을 수 있다.

찾고 나면 끓어오르는 감정을 따라가기 보다 '왜 하필 이 지점에서 참기 힘든 화가 올라오지?' 하고 다시 나에게 질문해보자. 그러면 감정이 요동치는 이유가 물건을 마구 어지르고 노는 아이를 볼 때라는 1차적인 이유 아래, 내 안에 어린 시절 어지르지 못했던 상처받은 내면 아이가 있다는 것을 알게 된다. 또 아이가 꼬박꼬박 말대꾸를 할 때마다 화가 난다는 사실을 찾게 되면 그 이면에 말대꾸를 하지 못하고 참았던 나의 상처가 있음을 알아챌 수 있다.

대부분의 사람들은 자신의 내면 아이를 자각하는 순간 눈물을 흘린다. 그때는 맘껏 흘리지 못했던 눈물이 나도 모르게 흘러나오는 것이다. 이것이 문제해결과 치유의 시작이다.

모든 양극단은 사실 하나다. 사랑에 굶주린 사람이 사랑을 찾아 바람둥이가 되거나 사랑을 믿지 못해 철저히 혼자가 되는 것처럼 이 둘은 전혀 다른 모습처럼 보이지만 사랑의 결핍이란 측면에서 같은 것이다.

나를 알아가는 길 또한 마찬가지다. 나의 예민하고 상처받은 내면에서 출발하여 나를 찾아가는 방법도 좋고, 살뜰히 나를 챙기고 아끼고 사랑하며 알아가는 방법도 참 좋다.

어떤 길에서 출발하든 둘은 결국 만나게 되어 있다. 상처를 애도할 만큼 하고 나면 내 안에서 긍정과 사랑, 의욕이 생겨나 행복의 길을 걸어가게 된다. 또한 나의 욕구를 존중하고 챙기면서 긍정적인 관점으로 시작을 하더라도 무의식에 남아 있던 나의 상처가 만분의 일초로 올라와 어느 순간 나의 에너지를 고갈시키거나 또는 눈물이 흐르면서 치유가 일어난다. 결국 시작의 모습이 다를 뿐 모두 지나가야 하는 길이다.

남들은 제주도로 강연을 간다고 하면 엄청 부러워하지만 정작 내게 제주도는 도착한 공항 입구에서 살짝 보이는 야자수를 제외하곤 다른 지역과 별다른 차이가 없는 도시였다. 공항 근처 시내에 있는 강연장까지 택시를 타고 오고가다 보면 정말 다른 지역과 아무런 차이를 느낄 수 없었다. 늘 강연을 마치면 빨리 집으로 돌아가 아이들을 챙기고, 집안일을 해야 한다는 생각에 한시라도 서둘러 돌아오는 비행기를 타기 일쑤였다. 나는 제주에서 바다를 본 적도 없고, 흙돼지 요리를 먹어본 적도 없고, 그 흔한 김밥도 먹어본 적이 없었다(제주공항 2층에 식당이 있는 줄도 몰랐다).

그러다가 나 스스로에게 귀한 대접을 해주어야겠다고 마음먹은 날이었다. 제주도로 강연을 가게 되면 꼭 바다를 낀 호텔 창가에 앉아서 밥을 먹고 칵테일을 마시며 멋진 경치를 내게 선물해주어야겠다고 다짐했다. 그 다짐을 실천한 날, 호텔 산책로에서 얼마나 울었는지 모른다.

나에게 호텔은 현대판 '궁전'과도 같은 곳이었다. 나와 어울리지 않는 곳, 돈이 많거나 멋진 사람들이 드나드는 곳, 마치 그곳은 동화 속에 등장하는 왕자나 공주쯤은 되어야 가보고 누릴 수 있는 별천지였다. 하지만 그곳에 가보리라 마음먹고 실천한 날, 아름답게 펼쳐진 풍경을 바라보며 꼭 한번 마셔보고 싶었던 모히토와 맛있는 한 끼 식사를 한 뒤 산책로에서 아름다운 파도소리를 들으며 행복한 시간을 보냈는데, 그 모든 것을 누린 대가가 내가 아이들에게 사준 청바지 한 벌보다 저렴했다는 사실이 내게 충격을 안겨주었다.

호텔은 무조건 비싸고 나는 그런 호텔과 어울리지 않는 사람이라는 믿음은 나 자신을 부족하게 생각했던 내 상처와 두려움이 만들어낸 '허상'임을 알게 되었다. 그 허상을 진실이라 믿으며 사는 동안 나는 나를 위축시켰고, 폄하했으며, 매번 하찮게 평가하고 무시했다. 그걸 깨닫자 하염없이 울음이 터져 나왔다. 앞으로는 나를 소중히 여기리라 나 자신과 약속하면서 한참을 울었다.

상처를 대면하는 방법

다음은 내가 나 자신을 들여다보며 상처받은 내면 아이를 만나고 가벼워지는 과정에서 도움을 받았던 방법이다. 이 방법이 많은 부모들의 육아와 삶에도 힘이 되기를 바란다.

① 눈물과 함께 상처 씻어내기

'신체화 장애'라는 말이 있다. 의학적으로는 이상소견이 없지만 몸이 실제로 아픈 경우에 신체화 장애를 겪고 있을 가능성이 높다. 억누르면 병이 된다. 어린 시절부터 지금까지 살아오는 동안 나의 감정보다 타인의 감정을 더 헤아리고 배려하며 살아왔다면 필시 내 감정을 무시하고 외면하며 억눌러버렸을 확률이 높다. 그때 억눌린 모든 감정은 신체화되어 더 이상 눌러 둘 수 없는 상황에 이르러 몸의 이곳저곳이 아프기 시작한다. 그러므로 그 억눌린 감정을 토해내야 한다.
가장 최근에 있었던 슬픔부터 끄집어내어 차츰차츰 과거에 이르기까지 나조차 외면했던 나의 아픈 마음을 만나 말을 걸어주어야 한다. 그러면 눈물이 흐른다. 눈물은 나의 상처를 씻어주는 탁월한 치료제다. 돈에 관한 상처가 많은 사람은 나의 모든 생을 뒤져 기억나는 돈과 관련된 상처에 대해 울며 애도해야 하다. 펑펑 울자. 소리 내어 울자. 꺼이꺼이 울자. 그래도 된다. 그래야 한다.

② 소리치고 분노하며 상처 떠나보내기

어린 시절 나는 참 조용한 아이였다. 초등학교 2, 3학년 때 담임 선생님의 말씀에 의하면 학교에 있는 모든 시간 동안 한마디도 하지 않는 내가 처음에는 말을 못하는 아이인 줄 알았다고 하셨다. 하고 싶었던 모든 말을 삼켰다. 들어줄 사람이 없었으니까. 지금은 참 많이 바뀌었지만 그때는 그랬다.

하지만 그때 하지 못했던 많은 말들이 내 안에 남아서 터지기 직전의 상황이었나 보다. 나의 상처를 들여다보기 시작하면서 그렇게도 소리가 지르고 싶었다. 꾹꾹 눌러 살을 태운 낙인의 자국처럼 가슴에 남아 있던 뜨거운 상처들을 소리 내어 터뜨리고 싶었다. 신기하게도 그러고 나면 숨이 쉬어지고(한때 공황장애가 있었다) 가슴이 뻥 뚫린 듯 상쾌해졌다.

③ 두드리고 분노하며 상처 없애기

돈에 대한 상처는 유년 시절에 우리가 경험하는 많은 상처 중 꽤 높은 비중을 차지한다. '매슬로우의 욕구 5단계'에서 얘기하듯 인간의 가장 기본적인 욕구는 생존에 대한 욕망 즉, 먹고사는 문제이기 때문이다. 어린 시절에 부모가 이 문제로 인해 아이를 할머니 집에 맡겨두었을 경우 아이는 '돈 때문에 나를 버린(할머니 집에 맡긴)' 분노를 부모 대신 돈에 투사하여 무의식 중에 돈을 밀어내게 된다. 그리하여 성인이 된 다음 경제적인 활동을 하게 되더라도 돈을 다 써버리고 모으지 못하게 되는 경우가 많다.

영화 〈우리의 20세기〉를 보면 여주인공이 친구들과 함께 심리상담사인 엄마의 지도 하에 심리를 치료하는 장면이 나온다. 그 방법이 무척 인상적이었는데 나 역시 자주 사용했던 방법이었기에 더욱 강렬한 기억으로 남아 있다. 신문지 몇 장을 길게 말아서 스카치테이프로 꽁꽁 감싼 뒤 베개나 이불을 두들기며 내 안의 분노를 뽑아내면 된다.

분노를 계속 쥐고 있으면 나도 모르는 사이에 상대를 공격하거나 반대로 나를 공격한다. 그러므로 분노 역시 누르지 말고 발산해야 한다. 안전한 곳에서 안전한 방법으로 그 누구도 아프게 하지 않고서 말이다.

④ 내 몸의 반응을 그대로 느끼며 상처 통과시키기

깊은 상처는 한 번의 대면으로 치유되지 않는다. 어린 시절에 경험했든 성인이 된 이후에 겪었든 간에 떠올릴 때마다 눈물이 나거나 가슴이 아픈 경험은 반복적으로 털어내야 한다. 남편의 되풀이되는 사업 실패로 빚이 계속 늘어나고, 가져다주는 생활비는 줄어들기만 하고, 그러다가 내가 번 수입이 가정 경제를 좌우하는 순간이 오게 되었다. 아무리 벌어도 나의 일 역시 안정적인 수입이 아니었기에 늘 타이머를 맞춘 폭탄을 들고 사는 것처럼 불안에 떨었다. 울 만큼 울어서 더 이상 눈물도 나오지 않았고, 소리치거나 두드릴 힘도 없던 어느 날, 내가 느끼는 불안을 몸으로 통과시켜보리라 마음먹었다. 언젠가 어떤 심리학 서적에서 읽은 기억이 났기 때문이다.

미친 듯이 몸이 떨려왔다. 온 머리가, 팔이, 다리가, 몸뚱아리가 경련을 일으키 듯 떨려왔다. 그리고 놀랍게도 그날 이후 돈에 대한 불안감이 많이 사라졌다. 내가 필요로 하는 모든 것은 나에게 오게 되리라는 믿음과 함께.

⑤ 나를 사랑하기

그냥 나를 사랑해주면 된다. 내가 좋아하고, 내가 기쁘고, 내가 신이 나는 다양한 것들을 나에게 주면 된다. 나를 귀하게 여기고, 아껴주고, 대접해주면 된다. 나를 챙겨주면 되는 것이다. 이제부터라도 내가 좋아하고, 하고 싶어 하고, 신나는 것들을 스스로에게 물어보고 그것을 해주면 된다. 상처를 들여다보는 방법이 나의 잠재의식 속에 뿌리박힌 '무의식'을 치유하는 방법이라면 내가 좋아하는 무언가를 채워주는 방법은 '의식'적인 치유 방법이다.

사랑한다는 건 쉬운 일이다. 사랑하는 아이에게 정성스레 차린 밥을 먹이고픈 마음, 한 끼라도 굶지 않도록 챙겨주는 마음, 이왕이면 좋은 음식을 먹이고 싶은 마음, 멋진 풍경을 보여주고 싶고, 마음이 모두 사랑이다. 즉 나를 사랑한다는 것은 나에게 시간과 돈과 에너지와 마음을 쓰는 일이다.

그동안 나를 챙기지 않고 나의 감정을 억눌러온 사람들은 나를 사랑하는 일이 어렵게 느껴질 것이다. 내가 무엇을 좋아하고, 어떤 일을 하고 싶은지 생각해본 적이 없기 때문이다. 하지만 나를 들여다보는 일처럼 나를 사랑하는 일 역시 나에게 끊임없이 질문하다 보면 알게 된다. 그러니 내가 갖고 싶고, 하고 싶고, 먹고 싶은 것이 무엇인지 나에게 물어보자.

우리는 모두 흔들리며 피는 꽃

세 아이를 키운 시간들은 질곡의 여정이었다. 그러다 보니 나의 내면을 들여다보지 않고서는 더 이상 앞으로 나아갈 수 없을 것이라고 느낀 적이 있다. 그래서 지난 5년간 내 마음에 대한 공부를 했다.

나를 돌아보는 일은 참 멀고 어려운 시간들이었다. 하필 그 시간들이 아이들의 사춘기와 부딪히면서 그 여정은 더욱 험난했다. 외면하고 살아온 나의 감정과 욕구를 표현하느라 아이들이 잘 보이지 않았던 적도 있었고, 수시로 아픈 몸으로 인해 마음까지 휘청거리기도 했으며, 어깨에 올려진 가정 경제의 무게 때문에 금방이라도 주저앉을 것처럼 절망스럽기도 했다. 그 모든 것이 뒤죽박죽 섞여서 미칠 듯이 힘든 날도 있었고, 중간 중간 그 힘듦에 대한 보상을 받는 듯 날아오를 것 같은 날들도 있었다.

그렇게 넘어지고 깨어지고 다시 일어나 또 넘어지는 과정은 때때로 나를 한없이 초라하게 만들었고 좌절하게 했으며, 이대로 모든 것이 끝날까 봐 불안했던 날도 무척 많았다. 그런 날에는 괜히 모든 것을 다 가지고 있는 듯 보이는 사람들이 부러웠다. 남편 잘 만나 걱정 없이 애만 키우는 사람들이 부러웠고, 부모 잘 만나 일하지 않아도 생활할 수 있는 사람들이 부러웠으며, 화려한 스펙으로 승승장구하는 사람들이 몹시도 부러웠다. '세상에서 나만 이렇게 힘들구나' 싶은 생각도 무수히 해보았다.

하지만 달라지는 것은 없었다. 그럴수록 현실은 더 비참했고 서글펐다. 처음부터 그들과 내가 달려야 할 '레이스'가 다르다는 것을 받아들이지 않고서는 거기서 빠져나올 방법이 없어보였다. 이 길의 끝이 죽음이 아닌, 삶의 길이기를 간절히 바라고 또 바라면서 그 두려운 길을 한 발 한 발 내디뎠다. "멀리서 보면 희극이고 가까이서 보면 비극"이라고 한 찰리 채플린Charles Chaplin의 말처럼 나의 삶 역시 희극과 비극을 오고가며 채워졌다.

아이들이 어렸을 땐 부모가 아이를 키우는 것인 줄 알았다. 하지만 아이를 키우다 보니 내가 키운 세월만큼 자라난 아이들이 나를 키우고, 그렇게 자라난 내가 다시 또 아이를 키우면서 서로가 함께 성장해가는 것임을 알게 되었다. 끊임없이 흔들리며 가다보니 그 뿌리가 땅 밖으로 뽑혀 나오는 것이 아니라 땅속 더 깊은 곳으로 파고들어가 단단하게 뿌리를 박는다는 것도 알았다. 그렇게 흔들리며 걸으면 된다. 우리는 모두 흔들리며 피는 꽃이니까.

최근에 참 좋아하게 된 시 하나를 소개해본다. 이 시의 마지막 행에서 나는 말할 수 없이 큰 위로를 받았다. 당신도 그랬으면 좋겠다.

● 아이들에 대하여

– 칼릴 지브란

당신의 자녀는 당신의 아이가 아닙니다.

아이들은 스스로 자신의 삶을 갈망하는 위대한 생명의 아들딸입니다.

비록 당신을 통해서 태어났지만 당신으로부터 온 것은 아닙니다.

그러므로 아이들이 당신과 함께 있더라도 당신의 소유는 아닙니다.

당신이 아이에게 사랑을 줄 수는 있지만 생각까지 주어서는 안 됩니다.

왜냐하면 그들은 자신만의 생각이 있기 때문입니다.

당신이 아이들에게 몸이 거처할 집을 줄 수는 있지만 영혼의 거처까지 줄 수는 없습니다. 아이의 영혼은 당신이 꿈에서도 가볼 수 없는 내일의 집에서 살고 있기 때문입니다.

당신이 아이처럼 되려고 애쓰는 것은 좋으나 아이들을 당신처럼 만들려고 하지는 마세요. 생명이란 뒤로 가지도 않으며 어제에 머물지도 않기 때문입니다.

당신은 활입니다.

당신의 자녀들이 살아 있는 화살이 되어 앞으로 쏘아져 날아가도록 도와주는 활입니다.

신은 무한한 길 위에 과녁을 겨누고 온 힘으로 그대들을 구부립니다.

화살이 보다 빨리, 보다 멀리 날아가도록 신의 손길로 당겨짐을 기뻐하세요.

그분은 날아가는 화살을 사랑하는 만큼

또한 흔들리지 않는 단단한 '활'을 사랑하시기 때문입니다.

엄마 공부 10

내 마음은 내가 알아줘야 해요

"어릴 때 보던 텔레비전 프로그램 중에 〈들장미 소녀 캔디〉라는 만화영화가 있었어요. 주제가에 '나 혼자 있으면 어쩐지 쓸쓸해지지만 그럴 땐 얘기를 나누자. 거울 속의 나 하고' 라는 가사가 있었지요. 그 곡을 쓴 작사가는 자기 자신과의 대화가 치유와 행복에 얼마나 큰 도움이 되는지 어떻게 알았을까요? 거울 속의 나와 대화를 나눠보세요. 대화는 소통이며 자신과의 대화는 자기와의 소통이지요. 소통이 되면 이해하게 되고, 용서하게 되고, 사랑하게 되고, 행복해져요. 내 마음을 알아주는 이가 아무도 없다고 생각하지 말고, 나 자신과 한번 소통해보세요. '오늘은 어땠니? 지금 기분이 어때? 왜 속이 상한 거야? 그래? 그런 일이 있었어? 그랬구나, 정말? 괜찮아, 네 잘못이 아니야. 너도 최선을 다했잖아. 그래도 괜찮아. 누구나 실수하는 거야. 넌 꼭 잘될 거야. 사랑해!' 그렇게 이야기해보세요."

엄마의 공부가 끝날 때 아이의 공부가 바로 선다

소중한 내 아이가 사춘기를 겪고 독립하기 전에 부모가 주어야 할 마지막 사랑은 '부모의 성장'이다. 아이는 부모의 뒷모습을 보면서 자란다. 이것은 육아에서 절대 변하지 않을 진리다. 이때 부모는 자신을 들여다보고 아이로부터 독립하여 아이를 놓을 준비를 해야 한다. 내가 가진 틀과 잘못된 판단이 아이의 숨통을 죄고 있는 것은 아닌지 돌아보고, 아이가 자신의 인생에 대한 주도권과 결정권을 가질 수 있도록 부모가 성장해야 한다.

아이의 마음을 공감하고 아이와 소통을 하려면 나를 알아야 한다. 나를 이해한 만큼 타인도 이해할 수 있기 때문이다. 나를 사랑하는 사람이 타인도 사랑하듯이 말이다. 우리는 결국 사랑을 하기 위해 태어났고, 그러기 위해서는 나를 사랑해야 하고 나를 들여다봐야 한다.

나를 들여다보기로 결정했다면 그 시기를 언제쯤으로 할 것인지는 내가 선택하면 된다. 상처를 통해 나를 들여다보는 일은 때로 많은 에너지가 요구된다. 내 감정에 휩싸여 주변 일에 소홀하게 되는 부분도 있다. 아주 어린 아이를 키우는 엄마라면 자신의 내면 성장이 먼저인지 육아가 먼저인지 생각하여 조율해나가면 된다.

하지만 무엇이 먼저든 상관은 없다. 사실 그 둘은 분리되어 있지 않기 때문이다. 어떤 방식으로, 언제 시작할 것인지는 각자의 선택에 달려 있을 뿐이다. 더 다급하고, 더 간절하고, 더 필요한 것에서부터 시작하면 된다. 모든 사람이 타고난 기질과 성향이 다르고 자라온 환경과 처해 있는 상황, 형편이 다르기 때문에 정답은 없다. 그저 자신의 자리에서 자신의 선택과 감각, 의지를 믿으며 한 발 한 발 내디디면 된다.

선택은 늘 51:49 사이에서 왔다갔다 하는 것이다. 어떤 결정이 나에게 이로울지 명확하게 알고 있다면 그건 선택이 아니라 확신일 것이다. 매번 갈팡질팡하는 선택의 속성을 수용하고, 내 마음이 조금 더 기우는 쪽으로 가면 된다. 그리고 선택한 뒤에는 곧장 앞으로 걸어가자. 우리가 선택의 사이에서 계속 머무는 것은 그로 인해 실패하게 될 경우의 수를 미리 헤아리며 두려워하기 때문이다.

하지만 실패 없는 성공은 없고, 그 실패가 나의 모든 것을 앗아가지 않으므로 그저 선택하고 앞으로 가면 된다. 선택을 하며 경험했던 모든 시간과 깨달음은 우리의 자산이 될 것이다. 그러니 절대 두려워하지 말자.

물론 내면 여행에도 예외는 있다. 삶에서 큰 근심 걱정이 없고, 지금 나의 삶에 만족하는 사람은 굳이 뒤돌아볼 필요가 없다. 하지만 가슴 한편에 시린 바람이 부는 사람이라면, 어떤 이유로든 내 삶이 무겁고 힘든 사람이라면, 내가 무엇을 좋아하고 무엇을 하고 싶은지 모르는 사람이라면 한 번쯤 자신을 들여다보자. 내 아이가 행복하게 살기를 바란다면 나 역시 행복해야 한다. 그렇게 엄마의 공부가 끝났을 때 아이의 공부도 바로 설 수 있다.

소중한 내 아이가 독립하기 전에 부모가 주어야 할 마지막 사랑은

'부모의 성장' 이다

세 아이를 영재로 키워낸 엄마의 성장 고백서

엄마 공부가 끝나면 아이 공부는 시작된다

제1판 1쇄 발행 | 2019년 5월 20일
제1판 5쇄 발행 | 2019년 6월 26일

지은이 | 서안정
펴낸이 | 한경준
펴낸곳 | 한국경제신문 한경BP
책임편집 | 마현숙
저작권 | 백상아
홍보 | 서은실 · 이여진 · 조혜림
마케팅 | 배한일 · 김규형
디자인 | 지소영
본문디자인 | 디자인 현

주소 | 서울특별시 중구 청파로 463
기획출판팀 | 02-3604-553~6
영업마케팅팀 | 02-3604-595, 583 FAX | 02-3604-599
H | http://bp.hankyung.com E | bp@hankyung.com
F | www.facebook.com/hankyungbp
등록 | 제 2-315(1967. 5. 15)

ISBN 978-89-475-4479-5 03590